● 德力富吉郎《茶道里千家》

● 葛饰北斋《富岳三十六景·骏河片仓茶园不二》

● 葛饰北斋《茶馆的新年》

● 铃木春信《御仙茶屋》

● 歌川国贞《深川八幡三轩茶屋雪之景》（局部）

● 歌川国贞《水茶屋》

● 丰原周延《茶道》

● 丰原周延《无题》

● 笠松紫浪《茶道》

● 二代歌川国贞 《婀都满源氏·花乃妇宇俗》

● 二代歌川国贞《今样源氏绘卷》（局部）

● 宫川春汀《有喜世之华·生花》

● 宫川春汀《有喜世之华·雏祭》

茶之书

[日] 冈仓天心 著

尤海燕 译

湖南人民出版社 · 长沙 ·

图书在版编目（CIP）数据

茶之书/（日）冈仓天心著；尤海燕译.—长沙：湖南人民出版社，2022.3
ISBN 978-7-5561-2828-0

I.①茶… Ⅱ.①冈… ②尤… Ⅲ.①茶文化—日本 Ⅳ.①TS971

中国版本图书馆CIP数据核字（2022）第005868号

茶之书
CHA ZHI SHU

著　　者：[日]冈仓天心
译　　者：尤海燕
出版统筹：陈　实
监　　制：傅钦伟
选题策划：领读文化
产品经理：领读-孙华硕
责任编辑：田　野
责任校对：唐水兰
装帧设计：欧阳颖

出版发行：湖南人民出版社有限责任公司［http://www.hnppp.com］
地　　址：长沙市营盘东路3号　邮编：410005　电话：0731-82683313

印　　刷：长沙超峰印刷有限公司
版　　次：2022年3月第1版　　　　　　　印　次：2022年3月第1次印刷
开　　本：880 mm × 1240 mm　1/32　　　印　张：3.75　插　页：12
字　　数：62千字
书　　号：ISBN 978-7-5561-2828-0
定　　价：39.80元

营销电话：0731-82683348（如发现印装质量问题请与出版社调换）

● **如何收听《茶之书》全本有声书?**

① 微信扫描左边的二维码关注"领读文化"公众号。
② 后台回复【茶之书】,即可获取兑换券。
③ 扫描兑换券二维码,免费兑换全本有声书。

● **去哪里查看已购买的有声书?**

方法 ①
兑换成功后,收藏已购有声书专栏,
即可在微信收藏列表中找到已购有声书。

方法 ②
在"领读文化"公众号菜单栏点击"我的课程",
即可找到已购有声书。

出版说明

　　《茶之书》是世界知名的日本美学家冈仓天心的名作。在本书中，他考察了茶道之种种，对茶道的艺术与精神做了鉴赏，并借此阐述自己关于东洋美学之理念。自出版后，风靡整个西方世界，有法语、德语、西班牙语等多种译本，并入选美国中学教科书。不光如此，在日本和中国也有多个版本流行。

　　目前国内流行的版本总体效果参差不齐，也各有特色。本版则力求精致化、细腻化。本书译者尤海燕长期从事日语文学的研究与翻译工作，她于2010年由北京出版社出版的《茶之书》，受到豆瓣读者的高分推荐。此次再版，希望能做到尽善尽美，不负众望。

　　本书封面简洁大方，突出了日本茶道、花道的侘寂之美。书前选取了全彩印刷的13幅茶道浮世绘，分别以茶家、茶园、茶室、茶道仪式、插花的顺序排列。每章的篇章页，则分别附以一幅选自《池坊生花模范花形图谱》《花道古书集成》《华道家元池坊立生花集》的花道图绘，共7幅。书末又有《卖茶翁茶器图》4幅、《煎茶图式》4幅。折页选取6幅中国古代名画，以时间顺序——讲述中国古代饮茶方式的变迁，可谓图文并茂。除了纸质书、电子书之外，本书还制作了有声版，供茶道文化与花道文化的爱好者，在富于典雅氛围的音乐中边听边读，进入冈仓天心的世界。

特此说明。

译者序

　　从前，孔子、释迦牟尼和老子站在象征人生的一坛醋前，各自用手指蘸醋品尝其味道。孔子说那是酸的，佛祖认为那是苦的，老子则断言那是甜的。道家对现世的所有都全盘接受，并且与儒者和佛教徒不同的是，道家尝试着从这个充满悲哀和痛苦的世界中找到美。

　　这是关于日本茶道的著作——《茶之书》(*The Book of Tea*)中的一个寓言，形象地说明了儒释道三种教义的不同倾向。你也许会问，茶道和这些有什么关系呢？

　　我会告诉你，不仅有，而且非常密切。茶道的"道"，即来自道家的"道"。并且，茶道的形式来源于禅宗的饮茶仪式，而禅宗正是道家思想的重要继承者。茶道崇拜存在于卑俗的日常生活中的"不完全"，是探寻生之艺术的唯美主义宗教，是道家思想的化身。

《茶之书》给我们讲述了如何在生活中发现美、创造美和享受美的东方传统艺术精神。这本书是一个多世纪以前，日本人冈仓天心（觉三，1863—1913，明治美术运动的指导者、思想家）在任美国波士顿美术馆东洋部长期间（1905—1906）用英语写成的。该书1906年在纽约出版后，立即在全美掀起东方文化的热潮，先是被中学教科书选用，又被不同的出版社争相出版。旋即，它被译成法语和德语在欧洲出版发行，风靡整个西方世界，冈仓天心的名字也由此为世界所熟悉。而在他的祖国日本，迄今为止，相继有译本及解说十余种问世，流传甚广。

冈仓天心生活的时代，正是西方近代化大潮汹涌而来的时代。东西方的经济差距，使得东方传统文化艺术面临着被误解、被轻视甚至被全盘否定的厄运。《茶之书》就是在这样的时代背景下诞生的。它并非像其书名那样，只是单纯地讲述茶道，而是以西方熟悉的茶为契机，介绍了日本乃至东亚传统文化的独特价值，呼吁东亚传统文化的复兴。它不仅给向近代化疯狂迈进的西方敲响了警钟，而且让西方把目光投向东方，了解东方，意图实现东西方和谐共处的新文明。冈仓天心的这种行动能力和先见之明在当时是殊为可贵的。他通过在西方出版《茶之书》《东洋的理想》《东洋的觉醒》等一系列东方文化的著作，向西方世界发出了东方人自己的声音。

《茶之书》首先是一部美学经典。它强调"生活"和"艺术"的一体性，认为茶道的理想，就是发现人生琐事中的伟大，断言"只要我们愿意承认它，完美会存在于任何一个地方"；反之，艺术本身也必须和生活密切相关，"杰作存在于我们自身当中，正如我们也存在于杰作之中"。它还反复强调艺术的"不完全性"，指出了茶室里处处避免着对称和重复。

《茶之书》又是一部哲学论著。它说"'道'与其说是'路径'，不如说是'通路'。它是宇宙变化的精神，是永恒的生长，在不断回归自身的过程中，产生新的形式"；"茶道是以佳茗、花卉和绘画等组成的即兴戏剧。在那儿，时间、空间无始无终"；"在宗教中，'未来'在我们身后。在艺术中，'现在'就是永恒"。

最后，我们不能忽视书中处处闪耀着的现实批判的光辉。它对世事的远见卓识，对人性的洞幽烛微，令人折服和感叹。比如，它嘲讽人们对艺术的虚假崇拜："追求的是高价，而不是高雅；追求的是流行，而不是美"；慨叹世人对艺术的无情破坏："人们破坏着生活中的美，从而破坏着艺术"；抨击东方建筑对西方的低俗模仿："西式建筑的无聊仿造随处可见"；并大胆预言："过去或许会怜悯我们文明的贫瘠，未来也将嘲笑我们艺术的荒芜。"

这样一本凝缩了深邃的艺术论、哲学思考以及辛辣的现实批判和敏锐预见的小书，在一个多世纪前为欧美世界打开了一扇理解东方的艺术精神、思想和生活等各个方面的窗户。并且，其问世正值日俄战争甫毕，书中字里行间充满着的对优雅温柔的艺术精神的孜孜探究、追索和无限热爱，同时也正是对西方极力推崇血腥武力的强烈讽刺和反拨（"其实，正是茶道，才充分表现了我们的'生之艺术'。倘若我们必须依仗残酷的战功才能赢得文明之国称号的话，那么我们宁愿永远做野蛮人"）。就是在今天，也无可否认，它对我们的艺术和思想领域，对我们精神生活的所有层面，对和谐美好的人类社会的建设，都有着现实而深远的指导意义。

当然，我们也不能忽视以东方艺术文化的代表者自居的冈仓天心的局限性。其时，著名的中国学家内藤湖南认为日本才是中国文明的正统继承者和发展者，主张代替中国来实现中国文化的复兴是近代日本的国家使命和文化天职，本书无疑为这种思想提供了注脚。另外，冈仓对于自己祖国日本对外扩张的辩护（"如果俄国肯虚心去了解日本的话，我们将不会看到 20 世纪初那场血腥战争的残酷景象"），也与他以上的态度相表里，体现了在亚洲日本中心主义的立场（这也是需要读者在阅读体验中予以辨别的——编者注）。

本书根据 1906 年纽约 Fox Duffield & Company 出版的 *The Book of Tea* 译出，同时参考了村冈博、桶谷秀昭等日译本。除标出原注之外，还添加了译者注，并改正了原文一些讹误。

本书曾在 2010 年由北京出版社出版，反响不错，可惜现已绝版。十一年岁月流逝，现承蒙北京领读文化不弃，将重版之事提上了日程，并且配以精美的浮世绘和中国画插图，使得这本小书也变得"高大上"起来。在此向北京领读文化表示衷心的感谢。

尤海燕

2021 年 4 月

目录

第一章

人性的
茶杯

茶最初是作为药用，后来才成为饮品的。在 8 世纪的中国，茶作为一种雅趣，跻身于诗歌领域。到了 15 世纪，日本人把它升华为一种具有审美意义的宗教——茶道。茶道是以崇拜美为基础的仪式，而这些美往往存在于日常的卑俗现实之中。茶道教我们懂得纯粹与和谐，理解人们之间相互关爱的奥秘，领会社会秩序中的浪漫主义。茶道在本质上是对不完美的崇拜，是一种柔弱的尝试，一种试图在我们已知的、充满着不可能的人生当中完成某种可能的尝试。

茶的哲学，并非仅限于一般意义上所说的唯美主义。因为它结合伦理和宗教，表达了我们关于人类和自然关系的全部见解。它是卫生学，因为它强调洁净；它是经济学，因为它是在单纯之中（而非复杂和奢侈当中）给我们以安慰；它是精神几何学，因为它确定了我们和宇宙万物之间的比例感。它把所有茶道的信仰者都变成情趣上的贵族，体现了东方民主主义的精髓。

　　日本与整个世界的长期脱离，促进了内省精神的成长，这对于茶道的发展极其有益。我们的住房和习惯，服装和饮食，陶瓷器、漆器和绘画，甚至文学——这所有的一切，全都受到了茶道的影响。没有一个研究日本文化的人，可以无视这种影响的存在。它渗入了贵妇人优雅的闺房，也进入了身份低微之人的陋室。我们的农夫学会了插花，我们最粗鄙的工人也知道问候山水。如果有人对他人生中发生的亦庄亦谐的趣事无动于衷，那么我们一般会称他为"毫无茶气（的人）"。相反，我们也把那种无视人间悲剧、沉湎于喧嚷嬉闹而毫不克制的唯美主义者，形容为"茶气过盛"。

　　的确，在一个局外人看来，这种小题大做的事情，实在是难以理解。他也许会说："区区一杯茶而已，何必大惊小怪！"可是说到底，容纳人类享乐精神的茶杯是多么的小！是多么快就能装满眼泪！又是多么容易就被一口喝干，而无法满足我们对于无限的渴望！当我们意识到这些时，就不该为我们自己对茶杯的过分钟爱而自责。人类已经做出了比这更加过分的事情。为了供奉酒神巴克斯，我们已献出了太多的祭品，我们甚至还美化了战神马尔斯的血腥形象。若此，我们献身于山茶女皇，沉醉于来自她祭坛上的同情的暖流，又有何不可呢？在象牙色瓷杯里的琥珀色液体中，茶的初尝者能够品味到孔子的亲切静默、老子的辛辣痛快和释迦牟尼来自净土的芳香。

不能感受到自身伟大之中的渺小的人，往往容易忽视他人渺小之中的伟大。一般的西方人，在怡然自得的优越感中，把茶道仅仅看作众多东方怪癖中的一个新的组成部分。这些怪癖，构成了他们眼中东方的离奇和幼稚。当日本沉浸在和平文雅的艺术之中时，西方人把她看作野蛮之国；而自从她在辽东半岛战场上大肆杀戮以来，西方人却把她称为礼仪之邦。最近，西方盛行关于"武士道"（一种使我们的士兵自愿献身的"死的艺术"）的评论，但是，极少有人注意到茶道。其实，正是茶道，才充分表现了我们的"生之艺术"。倘若我们必须倚仗残酷的战功才能赢得文明之国称号的话，那么我们宁愿永远做野蛮人。我们的艺术及理想终会得到应有的尊重，我们将欣然等待着那一天的到来。

西方何时能了解，或者试着了解东方呢？他们把关于我们的事实和想象混在一起，编织成一张奇谈怪论的网，屡屡令我们亚洲人惊骇不已。我们不是被描述为靠捕食老鼠和蟑螂为生，就是被讹传为以吸食莲花的香气过活。他们把这些看作软弱的执迷不悟，或者是无耻的骄奢淫逸。他们一直嘲笑印度人的灵性是无知，中国人的冷静是愚钝，日本人的爱国精神是宿命论的结果。他们甚至还说，亚洲人是因为神经组织迟钝，所以才对悲伤和痛苦麻木淡漠的！

西方的朋友们，你们尽管在我们身上取乐好了，我们亚洲人也已经准备好了回礼。如果你们完全弄清楚了我们是如何想象和评论你们的，那么将会增加更多有趣的话题。对远景所感到的迷人魅力，对奇迹下意识的驯服顺从，对新生的未知事物的暗自敌视，所有这些，都在于此。一直以来，你们被赋予的美德太过纯粹，以至于常人无法企及；你们被指控的罪过太过美丽，以至于人们难以谴责。我们昔日的作家——当时博闻多识的智者们——这样告诉我们：在你们的外衣下隐藏着毛茸茸的尾巴，你们还经常拿新生婴儿来做炖肉丁[1]！不，我们曾把你们想象得更糟糕。我们一度认为你们是这个世界上最言行不一的人种。因为，据说你们总是把绝对不会实行的事情挂在嘴边。

---

[1] 一道炖煮肉丁的法式菜肴。——中译者注

　　可是，这样的误解正迅速从我们当中消失。商业上的需要，迫使我们在东方的许多港口开始使用西方诸国的语言。亚洲的青年们为了接受现代教育，正成群结队地前往西方留学。虽然我们尚未洞悉你们文化的深层，但至少我们乐意去学习。在我的同胞当中，有不少人过多地吸收了你们的习俗和礼仪。他们错误地认为，从硬领西装和高顶礼帽中获得的东西，就包含了西方文明的全部成就。这种矫揉造作的姿态，实在是让人同情和心酸，可是同时也证明了我们愿意卑躬屈膝、努力接近西方的拳拳之心。不幸的是，西方的态度却无益于了解东方。基督教的传教士来到东方传教，却拒绝接受任何东方文化。你们关于东方的知识，不是建立在旅行者浮光掠影的奇闻趣事上，就是建立在对我们博大的文学浅尝辄止的翻译上。而像拉夫卡迪奥·赫恩[1]那样充满侠义的文章，像《印度生活之网》的

---

[1]　拉夫卡迪奥·赫恩（Lafcadio Hearn, 1850—1904），即小泉八云（Koizumi Yakumo），明治时代小说家，日本研究家。出生于希腊，原为英国人。1890年到日本，与日本人小泉节子结婚，改名为小泉八云。1896年加入日本国籍。他热衷于向西方介绍日本文化，并在东京大学、早稻田大学教授英国文学。著有《心》(1896)、《灵之日本》(1899) 及《怪谈》(1904) 等关于日本的随笔和故事集。——中译者注

作者[1]那样以我们自身感情的火炬照亮东方黑暗的大胆尝试，弥足珍贵。

　　我这样直言不讳，恐怕正暴露了自己对于茶道的无知。茶道优雅的精神本身，就要求我们只讲人们期待的话，而不是其他多余的东西。但我并不打算做一个茶道绅士。新旧世界之间的误解已经造成了如许的伤害，那么为促进双方的相互理解尽一份薄力，应该不需要做任何解释。如果俄国肯虚心去了解日本的话，我们将不会看到20世纪初那场血腥战争的残酷景象。对东方问题的不屑一顾，将会给人类带来何等可悲的后果！欧洲帝国主义在安于对"黄祸"的荒谬呼喊时，并没有意识到亚洲也会在"白祸"的残酷中警醒。你们或许可以嘲笑我们"茶气过盛"，但我们又何尝不会怀疑，你们西方人骨子里根本就是"毫无茶气"呢？

---

[1] 原书名为 *The Web of Indian Life*。作者尼维蒂塔（Nivedita，1867—1911），本名玛格丽特·伊丽莎白·诺贝尔（Margaret Elizabeth Noble），出生于爱尔兰，是爱尔兰社会工作家、作家、教师，印度著名哲学家、宗教改革家维韦卡南达的弟子。她于1895年在伦敦遇见维韦卡南达，并于1898年来到加尔各答。维韦卡南达给她改名为尼维蒂塔。她的后半生在印度度过，致力于研究印度的哲学、社会和文化，并投身于印度的独立运动。——中译者注

就让我们停止东西方世界之间的相互讽刺吧！如果双方都能从这种和平中有所收获，那么，即使我们还不能变得更加明智，至少也会拥有一颗更加悲悯的心[1]。我们各自沿着不同的路走来，但是没有理由不互相取长补短。你们付出了征战、动荡的代价得以扩张；而我们面对侵略，却创造出了无法御敌的脆弱的和谐。你们会相信吗：东方在某些方面要远胜于西方！

不可思议的是，如此迥异的东西方人性，如今却在小小的茶杯中相遇了。茶道是被全世界普遍重视的唯一的亚洲仪式。白人曾经嘲笑我们的宗教和道德，但他们却毫不犹豫地接受了这种褐色的饮料。如今，下午茶已经成为西方社会生活中的一项重要内容。从杯盘盖碟相互碰撞而发出的微妙的叮当声里，从热情待客的女性衣裙互相摩擦而发出的柔和的沙沙声里，从是否需要奶油和砂糖的司空见惯的日常问答里，我们可以知道，"茶的崇拜"已经毫无疑问地在西方确立了。无论茶的味道是好是坏，客人都会以一种达观的态度从容等待。这清楚地表明，在这个单一

---

[1] 此处表达来自英谚"a sadder and wiser man"，意为"因为悲伤的经历而变得贤明的人""历尽艰辛的人"。著者做了一些活用。——中译者注

的例子中，东方的精神已经处于绝对的支配地位。

欧洲关于茶最早的记载，据说见于一个阿拉伯旅行者的叙述中：在 879 年以后，广东的主要财政来源就是盐和茶的税收。马可·波罗在其游记中记载，中国的一个财政官员因为随意提高茶税，于 1285 年被革职。欧洲民众开始获得关于远东的更多知识，是在航海大发现时期。16 世纪末，荷兰人带来了这样一个消息：在东方，可以用一种灌木的叶子制造出令人愉悦的饮料。乔瓦尼·巴蒂斯塔·赖麦锡 [1]、L. 阿尔梅达、马斐诺、塔雷拉等诸多旅行家也提到了茶叶。[2] 在 1610 年，荷兰东印度公司的商船第一次把茶叶带到了欧洲。之后，茶叶于 1636 年传到法国，1638 年传到俄罗斯。[3] 英国于 1650 年迎接茶叶入国，并且有评论说："这就是所有医生都极力推荐的、无与伦比的中国饮料，中国人把它叫作'茶'，外国人把它叫作'Tay'或'Tee'。"与世界上所有的好东西一样，茶在

---

[1] 赖麦锡（Giovanni Batista Ramusio，1485—1557），意大利地理学家。1559 年出版了有重大影响的游记《航海旅行》，其中首次提到了茶叶。——中译者注

[2] 出自保罗·克兰赛尔（音）学位论文，柏林，1902 年。

[3] 麦克瑞斯（音）《政治论》，1656 年。

推广过程中也遭到了反对。像亨利·萨威尔[1]那样的异教
徒非难说，喝茶是不洁的习惯；乔纳斯·汉威[2]在其《茶
论》中说，饮茶会使男子变矮，英俊不再，女子则会美色
尽失。当时，茶因高价（一磅茶叶售价十五六先令）令一
般平民无法消费，只能作为"款待宾客时的王室御用品，
及馈赠王侯贵族的礼品"，被少数上层人士享用。可是，
尽管有这些障碍，饮茶的风尚还是以惊人的速度普及开
来。到了18世纪上半叶，伦敦的咖啡店实际上都已变成
了茶室，成为艾迪生[3]和斯梯尔[4]等文人高士的聚集之地。
他们以喝茶聊天来打发时光。这种饮料旋即成为生活必需
品，也就变成了课税的对象。这一点使我们想到，茶在近

---

[1] 亨利·萨威尔（Henry Saville，1549—1622），英国学者，曾出任牛津默
    顿学院理事和伊顿公学教务长，还做过伊丽莎白一世的家庭教师。——
    中译者注
[2] 乔纳斯·汉威（Jonas Hanway，1712—1786），英国旅行家、慈善家和作
    家。——中译者注
[3] 约瑟夫·艾迪生（Joseph Addison，1672—1719），英国散文作家、评论
    家、报刊编辑。从牛津大学毕业后，初试写诗，后进入政界任国会议
    员。1711年与友人斯梯尔共同创办杂志《旁观者》。——中译者注
[4] 理查德·斯梯尔（Richard Steele，1672—1729），英国散文家和剧作
    家。出生于爱尔兰，起初是军人，后开始写作剧本。先于1709年创办
    随笔性杂志《闲谈者》，后于1711年与艾迪生共同创办同类杂志《旁观
    者》。——中译者注

代史上扮演了一个多么重要的角色。美洲殖民地的人民忍受着巨大的压迫，直到茶被课以重税，他们的忍耐也终于到了极限。美国的独立，应始于把装满茶叶的箱子扔进波士顿湾的事件。

茶的味道有一种不可言传的妙处。人们往往无法抗拒它的魅力，把它理想化。西方的幽默家们毫不迟疑地往他们思想的芬芳里加入了茶的香气，使它们融为一体。茶既没有葡萄酒的倨傲自大、咖啡的孤芳自赏，也无可可的虚假做作的天真。早在1711年，《旁观者》杂志就发表过如下声明："在此，我特别向所有在早晨花一个小时享用茶、面包和黄油等丰盛早餐的、井然有序的家庭郑重推荐。请您务必订购本刊，把本刊当成茶点的一部分，每天早晨准时摆放在您的饭桌上。"[1] 萨缪尔·约翰逊[2] 这样描

----

[1]　《旁观者》，1711年3月1日由斯梯尔和艾迪生共同创办的杂志。每周出版6期，共出版了80期。该刊内容广泛，文笔淡雅，深受欢迎。这段文字出自1711年3月12日的《旁观者》，作者为艾迪生。——中译者注

[2]　萨缪尔·约翰逊（Samuel Johnson，1709—1784），英国诗人、散文家、评论家、传记作家、辞书编纂家，是英国文学史上最重要的人物之一。曾花了九年时间独力编纂出版了《约翰逊字典》，被授予柏林三一学院和牛津大学的名誉博士学位。——中译者注

绘自己的肖像："一个不知悔改和节制的过度迷恋喝茶的人，二十余年来，一直以这种充满魔力的植物煎出的汁稀释着食物为生。以茶享受黄昏，以茶慰藉长夜，以茶迎接清晨。"

公开宣称自己是茶道皈依者的查尔斯·兰姆[1]说，他所知道的最大的快乐就是，"暗地里行善，无意间显露"，这也正道出了茶道的精髓。因为茶道就是这样一门艺术，它隐藏人们将会发现的美，它暗示人们不敢彰显的美。茶道是能够进行冷静和彻底地自嘲的、高尚的奥秘。因而它就是幽默本身，是彻悟的微笑。所有真正懂得风雅的人，在这个意义上都可以说是茶的哲人——比如萨克雷[2]，当然，还有莎士比亚。那些世纪末的文艺颓废期的诗人们（世界何时不是颓废期呢），在反对唯物主义的同

---

[1] 查尔斯·兰姆（Charles Lamb，1775—1834），英国评论家和散文家。1823年出版成名作散文集《伊利亚随笔》。其著作中对小人物的同情与怜惜和带泪的幽默，在英国文学史上独树一帜，至今还拥有众多忠实读者。其作品中因带有东方文人的趣味，引起东方读者的关注。——中译者注

[2] 威廉·梅克皮斯·萨克雷（William Makepeace Thackeray，1811—1863），19世纪英国著名作家，与狄更斯齐名。小说《名利场》是其代表作。——中译者注

时，也在一定程度上开启了通往茶道之路。也许在今天，
正是我们对于"不完美"的深思熟虑，才使得东西方文化
在相互安慰中融合了。

　　据道教徒说，在"无始"的伟大起源之际，发生了
"灵"和"物"的生死决斗。最后，掌管光明的太阳神黄
帝终于打败了掌管黑暗和大地的恶魔祝融[1]。巨人祝融在
临死时痛苦挣扎，一头撞向天际，把硬玉铸成的蓝色天顶
撞了个粉碎。从此星星流离失所，月亮在荒凉黑夜的樽隙
里漫无目的地徘徊。绝望的黄帝四处寻找能够补天的人。
终于，他的苦心没有白费。在东方的大海上，粲然升起了
一位头顶角、尾似龙、身披火甲的女神——女娲。她在巨
大的魔法炉里炼出了五色彩虹，重新撑起了中国的天空。
但是，传说女娲在修补苍穹的时候，忘了填上两个小缝
隙。这样，爱的二元论就产生了——两个灵魂在宇宙中翻
腾漂泊，永不停息，直到他们相结合，形成一个完整的世

---

[1]　此处祝融的传说与中国传统说法有出入。祝融一般指火神。此段所述
　　女娲补天的前传，一般指祝融与共工之战。《补史记·三皇本纪》："女
　　娲氏亦风姓，蛇身人首，有神圣之德……当其末年也，诸侯有共工氏，
　　任智刑以强霸而不王，以水乘木，乃与祝融战，不胜而怒。乃头触不
　　周山，崩，天柱折，地维缺。女娲乃炼五色石以补天，断鳌足以立四
　　极，聚芦灰以止滔水，以济冀州。"——中译者注

界为止。每个人都不得不重建自己希望与和平的天空。

现代人类的天空，实际上已经因为争权夺利的巨大
纷争而变得支离破碎。世界在私欲和恶俗的阴影中摸索前
进。知识要通过良心的负疚才能获得，善行要出于效用的
目的才能得以实践。东方和西方就像两条被丢到波涛汹涌
的大海中的巨龙，为了夺回生命的宝石而徒劳地挣扎。我
们再次需要一位女娲，来修补这巨大的漏洞；我们在等待
伟大的阿梵达[1]的出现。这时，让我们啜一口茶吧！午后
的阳光照射着竹林，泉水涌起欢欣的泡沫，松籁回响在我
们的茶炉之中，就让我们憧憬那虚幻的梦境，沉醉在那些
平凡琐碎的事物之美中吧。

---

[1] 阿梵达（Avatar），印度教中地上神灵的化身，指神为了抵制世上的某
种邪恶而化作人形或兽形。——中译者注

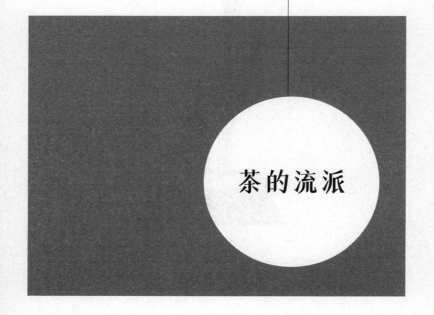

第二章

茶的流派

茶是艺术品，其最高贵的品质，必须通过名师之手，方能得以显现。正如画有好与不好之分——通常都是后者居多——茶也有好或坏。世上不存在完美的制茶秘方。就像提香[1]和雪村[2]的名画，其创作过程无章可循一样，每一次的冲泡过程，都显现出一种茶叶与众不同的个性，及它与水和热之间特殊的亲和力；然后伴着世代相传的记忆，以它独特的方式讲述自己的故事。真正的美必须永驻其中。这个关于艺术和人生的简单而基本的法则，却一直得不到社会的认可，从而使我们遭受了多少痛苦！宋朝诗人

---

[1] 提香（Tiziano，1488或1490—1576），意大利文艺复兴时期威尼斯画派的代表画家。画坛上著名的色彩大师，擅长女性人体画和肖像画。——中译者注

[2] 雪村（Sesson，1504—1589），名周继，日本战国时期的水墨画家。他仰慕雪舟（室町时期的著名画家，日本水墨画的宗师），学习宋元画，形成了个性鲜明的画风。作品有《风涛图》《竹林七贤图》等。——中译者注

茶
之
书

李日华[1]叹道，这世上最可悲的事情有三件：错误的教育耽误了优秀青年，恶俗的鉴赏糟蹋了名画，拙劣的制作手法浪费了好茶。

和艺术相同，茶也分时期和流派。茶艺的进化大体可以分为三个主要时期：烹煮茶（固体茶、饼茶）、搅拌茶（粉茶）和冲泡茶（叶茶）。我们现代人属于最后一个流派。品赏这种饮料的几种方法，分别体现了它们流行时期的时代精神。之所以这么说，是因为人生就是一种表达；而我们内心最深处的思想，总是通过无意识的行为流露出来。孔子曰："人焉廋哉，人焉廋哉。"[2]或许，正是由于我们应该隐藏不露的伟大太少，所以才会在一些无聊琐碎的小事上过分地显露自己。程式化的日常琐事，与哲学

---

[1]　李日华（1565—1635），字君实，号竹懒，又号九疑，明嘉兴（今浙江嘉兴）人。万历二十年（1592）进士，官至太仆寺少卿。能书画，善赏鉴，尤工山水、墨竹，用笔矜贵，格韵兼胜。著有《书画想象录》《六研斋笔记》《紫桃轩杂缀》《味水轩日记》等，其所做笔记内容多论书画，笔调清隽，富有小品意致，与其诗歌都表现出士大夫的闲适情调。文中把他误认为宋朝人。原句"天下有好茶，为凡手焙坏；有好山水，为俗子妆点坏；有好弟子，为庸师教坏"，出自《紫桃轩杂缀》卷二。——中译者注

[2]　出自《论语·为政》第二："视其所以，观其所由，察其所安。人焉廋哉！人焉廋哉！"（考察一个人的所作所为，观察他所采取的方法，考察他安心于做什么。这样，他怎么还能隐藏得了！）——中译者注

和诗歌所达到的最高境界一样，都阐述了民族的理想。正如对葡萄酒喜好的不同，反映了欧洲各个时代和民族的特征那样，茶的理想体现了东方文化各种情调的不同特色。烹煮的饼茶、搅拌的粉茶（抹茶）、冲泡的叶茶，分别象征了中国的唐朝、宋朝和明朝各个时期鲜明的时代情怀。假如借用在艺术分类上被用滥了的词语，我们可以分别把这些茶艺流派定义为古典派、浪漫派和自然派。

原产于中国南方的茶树，很早以前就被中国的植物学和医药学界所熟知。它以茶、蔎、荈、槚、茗等多种名称出现在古典作品中，因其具有消除疲劳、愉悦心灵、增强意志和恢复视力等效用，受到高度的评价。它不仅被作为内服药口服，还常常被制成软膏外敷，以缓解风湿病疼痛。道教徒主张茶是制造长生不老仙药的重要原料；佛教徒则在长时间的静坐冥想时大量饮用，以驱赶睡意。

到了公元4、5世纪，茶成了长江流域的居民喜爱的饮料。大约在那个时期，现代所使用的表意文字"茶"字被创造出来。这很明显就是古代"荼"的讹误。南朝的诗人们留下了许多名篇佳句，以表达对这种"液体翡翠的泡沫"的热烈崇拜。而且，帝王也常常把精制的茶叶赏赐给立功的大臣，作为褒奖。但是，这个时期的饮茶方法极其原始。人们把茶叶蒸过后放入臼内捣碎做成茶饼，和米、姜、盐、陈皮、香料、牛奶——有时甚至还会放洋葱——一起煮着喝！这种习惯至今在西藏和许多蒙古部落那里依然可见。他们把这些配料混在一起，调成一种奇妙的汁液。俄罗斯人是从中国古代的商队那里学会喝茶的。他们在茶里放柠檬片的习惯，就是古代煮茶方法留下的痕迹。

要把茶从自然粗野的状态中解放出来，上升到最终的理想境界，就需要唐朝的天才人物。我们把 8 世纪中叶出现的陆羽[1]尊为茶的祖师。他生活在一个儒、佛、道寻求相互统合的时代。当时流行的以泛神论为特征的象征主义，极力主张人们从"个别"中反映出"普遍"。诗人陆羽从以茶待客的礼节中，看到了宇宙支配万物的和谐与秩序。他在其著名作品《茶经》中系统地阐述了茶道。从那时起，他就被尊崇为中国茶商的守护神。

《茶经》由三卷十章组成。陆羽分别在第一、第二、第三章中论述了茶树的天然性质、采摘茶叶的工具和精选茶叶的方法。根据书中记载，最高级的茶叶必须具备以下

---

[1] 陆羽（733—804），唐复州竟陵（今湖北天门）人，字鸿渐，号竟陵子、桑苎翁、东冈子。著有世界首部茶专著《茶经》，被后人称为"茶圣"。——中译者注

的特征："如鞑靼骑兵的马靴般皱缩，如强壮牦牛的喉袋般弯曲，如从峡谷升起的雾气般舒展，如微风吹拂过的湖面般闪光，如被暴雨冲洗过的美丽如新的大地般湿润和柔软。"[1]

第四章主要列举和描述了二十四种茶具。从铜鼎火炉（风炉）开始，到盛放所有小器具的竹制橱柜（都篮）结束。在此，我们注意到陆羽对于道教象征主义的偏爱。从这一关联来观察茶艺对中国陶瓷业的影响，也是一件饶有兴味的事情。众所周知，中国制造瓷器的初衷，就是为了试图再现美玉那难以言表的温润色调。到了唐代，产生了瓷器的代表品类，那就是南方的青瓷和北方的白瓷。陆羽认为青色是茶杯理想的颜色。因为青色能够给茶增添额外的绿意，而白色使茶看起来呈粉红色，会让人觉得味道不好。当然，这些都是因为陆羽使用了饼茶。往后到了宋代，茶师们使用粉茶，他们更喜爱厚重的深青色和黑褐色茶碗。明代人喝叶泡茶，他们则钟爱轻盈的白瓷茶杯。

在第五章，陆羽讲述了制茶的方法。他主张除了盐

---

[1] 原文为："如胡人靴者，蹙缩然；犎牛臆者，廉襜然；浮云出山者，轮囷然；轻飙拂水者，涵澹然……又如新治地者，遇暴雨流潦之所经。"（《茶经》三之造）——中译者注

以外，不使用其他原料。他同时还详细说明了一直被热烈讨论的问题——用水的选择及煮沸的程度。根据他的见解，山泉水最佳，江水次之，井水又次之。煮沸则分三个阶段：第一沸，如鱼目般大小的水泡浮上表面；第二沸，水泡如水晶珠子涌出泉眼；第三沸，釜中之水如波涛翻滚。[1]首先把茶饼放在火上慢慢烤炙，直到它变得像婴儿的肘臂一样柔软，然后用优质的纸片包住，揉成碎末。在第一沸时放盐；第二沸时放入茶饼末；第三沸时注入少量的冷水，使茶叶沉底，并恢复"水的青春"。之后，注入茶杯中细细品茗——啊，这是何等的甘露！薄膜般透明的嫩叶就像悬挂在碧空中的点点鳞云，又如漂浮在翠绿色水流上的圆圆睡莲。[2]唐朝诗人卢全这样写道："一碗喉吻润，二碗破孤闷。三碗搜枯肠，惟有文字五千卷。四碗发轻汗，平生不平事，尽向毛孔散。五碗肌骨清，六碗通仙

---

[1] "其水，用山水上，江水中，井水下。……其沸，如鱼目，微有声为一沸。缘边如涌泉连珠，为二沸。腾波鼓浪为三沸。已上水老不可食也。"（《茶经》五之煮）——中译者注

[2] "又如晴天爽朗，有浮云鳞然，其沫者，若绿钱浮于水湄。"（《茶经》五之煮）原文为 "The filmy leaflet hung like scaly clouds in a serene sky or floated like waterlilies on emerald streams"，稍有出入。——中译者注

灵。七碗吃不得也，唯觉两腋习习清风生。蓬莱山 [1]，在何处，玉川子乘此清风欲归去。" [2]

《茶经》其余的章节，论及日常生活中品茶法的低俗趣味和著名爱茶家的简史，以及中国著名的茶园，各种茶具可能出现的变化，还有茶具的插图。遗憾的是，最后一章已亡佚。

《茶经》的问世，在当时必定引起了巨大的反响。陆羽还受到过唐代宗（762—779 年在位）的照拂。其日益显赫的名声，也使他门下聚集了许多弟子。据说，在饮茶的行家当中，甚至有人能把陆羽煮的茶从其弟子煮的茶中分辨出来。有一个官员，只因不懂得欣赏这个大师所煮的茶而"名垂青史"。

到了宋朝，粉茶开始流行，这样就产生了茶的第二大流派。把茶叶放在小石磨里研磨成茶粉，再把茶粉放到开水中，用一个精美的茶筅（由劈开的竹篾制成的精巧竹

---

[1] 中国的仙山，世外桃源。

[2] 卢仝（795—835），唐济源人，号玉川子。好学，博览群书，工于诗歌，无意仕途，隐居于少室山。好饮茶。诗句出自卢仝《走笔谢孟谏议寄新茶》。后人曾认为唐朝在茶业上影响最大最深的三件事是：陆羽的《茶经》、卢仝的《茶歌》和赵赞的"茶禁"（即对茶征税）。——中译者注

刷）搅打。这种新式的加工方式，不仅对茶叶的选择有影
响，甚至给陆羽所主张的茶具也带来了一些改变。盐从此
被弃用。宋人对茶的狂热没有止境。饮食专家们竞相发
掘饮茶的新奇方法，并且还为此定期举行竞赛来评判优
劣。因为太专情于艺术，以至于当不成一个合格君主的
徽宗皇帝（1100—1125 年在位），为了能得到珍稀的茶
种而不惜一掷千金。徽宗还亲自撰写了一篇关于二十种
茶的论文 [1]，其中，他把白茶看作最珍贵和优质的品种而
大加赞赏。

　　宋人在茶的理想上与唐人不同，这恰好与二者在人
生观上的迥异相对应。他们设法将先人们试图象征化的东
西现实化。对于新儒家来说，宇宙法则并不是现象（自
然）世界的反映，而现象世界却是宇宙法则本身。永恒，
只是一瞬间；重生，则随时都在掌握之中。[2] 而道家的观
念——"不朽存在于永恒的变化中"，已经渗入到宋人所

---

[1]　12世纪初，宋徽宗赵佶著《大观茶论》二十篇：地产、天时、采择、
　　蒸压、制造、鉴辨、白茶、罗碾、盏、筅、瓶、杓、水、点、味、香、
　　色、藏焙、品茗、外焙。从书的内容来看，并非讲二十种茶（原文
　　"twenty kinds of tea"），此处应为"二十篇"之误。——中译者注

[2]　"永恒"和"重生"，原文中用的是佛教用语"永劫"（Aeons）和"涅
　　槃"（Nirvana）。——中译者注

有的思考方式当中。意趣盎然的是过程而非结果；真正重要的是完成的过程，而不是完成本身。就这样，人类直接面对自然，一种新的意义逐渐萌芽，成长为生活的艺术。茶不再是充满诗意的消遣，而成为自我实现的一种方式。王禹偁[1]写诗赞茶："沃心同直谏，苦口类嘉言。"苏东坡说茶就像真正有德的君子一样，有涤荡腐败、清净无垢的力量。在佛教徒中，南派禅宗吸收了很多道家的教义，开创了精致讲究的茶的礼仪。僧侣们汇集在菩提达摩的佛像前，按照圣餐礼似的庄严程式轮流从一个茶杯中喝茶。正是这种禅宗的饮茶仪式，最终在15世纪发展成为日本的茶道。

不幸的是，13世纪蒙古族突然兴起，元朝取代了宋朝。在元朝的统治下，宋朝的文化成果被破坏殆尽。曾在15世纪中叶谋求国家复兴的明王朝，也因国家的内部纷争而自身难保。清王朝的统治始于17世纪，从此，中原的礼节和风俗为之一变，粉茶已经被彻底遗忘。我们发现，对于一部宋代典籍里所提到的"茶筅"，一位明朝的注释

---

[1] 王禹偁（954—1001），字元之，宋时济州（今山东）巨野人。诗人，散文家。引诗出自《茶园十二韵》。——中译者注

学者竟因无法描述出其形状而一筹莫展。现在，喝茶是把茶叶放入茶碗或茶杯中，用开水冲泡后饮用。西洋各国对古代的饮茶法一无所知，因为欧洲人是到了明朝末期才知道茶为何物。

对于近代的中国人，茶虽是可口的饮料，但已不是理想。国家连绵不断的灾祸夺走了他们追求人生意义的热情。中国人变成了现代人。也就是说，他老了，变得清醒了。如今，他已经失去了对诗人和古人的崇高信仰；对于构成诗人和古人的永恒青春和活力的虚相，他感到幻灭。他成为折中主义者，彬彬有礼地接受宇宙的传统法则。他和自然嬉戏，但不会去屈尊征服她，或是崇拜她。他杯里的叶茶总是令人赞叹，散发着花一样的芳香，但唐宋时代茶礼的浪漫风情，却已不能在他的茶杯里寻到踪迹。

日本踏着中国文明的足迹一路追随而来，对茶的这三个时期了如指掌。在典籍中可以得知，早在729年，圣武天皇[1]就在奈良的宫殿中赐茶给一百名僧侣。那些茶叶

---

[1] 圣武天皇（Shomu Tenno，724—749年在位），名首，文武天皇的第一皇子。714年被立为皇太子，724年即位。与光明皇后一起推广佛教，在全国建造国分寺、国分尼寺，在奈良建立东大寺，安置卢舍那大佛像。——中译者注

大概是由遣唐使带回日本，用当时流行的方法制作并饮用
的。801 年，最澄和尚 [1] 携茶种由唐朝返回日本，开始在
睿山种植茶树。在随后的几个世纪里，茶不仅成了贵族和
僧侣们热爱的饮料，还出现了许多茶园。1191 年，随着入
宋研究南派禅宗的荣西禅师 [2] 回国，宋茶得以传入日本。
他带回的新品种成功地在三个地方栽培成活。京都附近的
宇治就是其中之一，至今，那里还作为优质茶叶的产地而
闻名世界。南派禅宗以惊人的速度迅速普及，宋茶的仪式
及茶的理想也随之传播开来。到了 15 世纪，在将军足利
义政 [3] 的庇护下，茶道的形式完全确立，成为一种独立的
世俗表演。自此，茶道在日本树立了稳固的地位。至于中

---

[1] 最澄（Saicho，767—822），亦称睿山大师、根本大师、山家大师。日
　　本天台宗的创立者。804 年曾率弟子入唐学习天台佛学，翌年回国，设
　　立天台宗。866 年追赠谥号传教大师，为日本佛教界第一位受赠大师号
　　的高僧。最澄回国是在 805 年，文中所说的 801 年有误。——中译者注

[2] 荣西禅师（Esai，1141—1215），日本佛教临济宗的创立者。自小从
　　父学佛，十四岁在睿山出家，初学天台密教，曾于 1168 年、1187 年
　　两次来中国学佛，接受临济禅。在博多建造圣福寺，在京都建造建仁
　　寺，推广禅宗。热心于茶树的栽培和茶的制作饮用，著有《吃茶养生
　　记》。——中译者注

[3] 足利义政（Ashikaga Yoshimasa，1436—1490），室町幕府第八代将军，
　　应仁之乱后隐退。1483 年修建银阁寺并移居至此，爱好和庇护能乐、茶
　　道和绘画，是东山文化的创造者。——中译者注

国在那之后流行的叶泡茶的方式，日本是到了 17 世纪中叶以后才知道的，所以最近才开始采用。现在，日本在日常的饮茶当中，一般以叶泡茶代替粉茶。即便如此，粉茶作为茶中之茶的地位依旧岿然不动。

正是从日本的茶道之中，我们看到了茶之理想的极致。因为我们成功地击退了 1281 年的蒙古入侵，使得宋朝的文化在日本得到了最大限度的保留。而在中国本土，由于元朝的统治，这个文化出现了断层。茶对于我们来说，已经超越了饮茶形式上的理想化，变成了探索生之艺术的宗教。这种饮料成为崇拜纯粹和优雅的借口，有着成就主客尽欢、营造出尘世中的至上幸福的神圣功能。茶室是生存荒漠中的绿洲。旅途劳顿的人们在这里相逢，共饮艺术的甘泉。茶道是以佳茗、花卉和绘画等组成的即兴戏剧。没有一点颜色破坏茶室的色调，没有一丝声音扰乱事物的节奏，没有一个动作中断全体的和谐，也没有一句话打破四周的统一。所有动作，都是简单而自然地完成的，这就是茶道的目的。并且，非常不可思议的是，这往往都是成功的。在这一切的背后，蕴藏着深奥的哲理。茶道，其实是道家思想的化身。

第三章

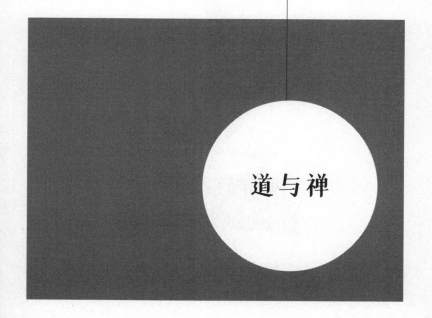

道与禅

　　茶和禅的关系众所周知。在此之前，我们曾经谈到，茶道是由禅宗仪式发展而来的。其实，道家祖师老子的名字也和茶的沿革有着密切的关系。在讲述风俗习惯起源的中国教科书中写道，待客供茶的礼仪始于老子的高足关尹子，他最先在函谷关向"老哲人"献上了一碗金色的仙药。虽然，我们无意在此探讨这个故事的真实性，但它作为道家很早就开始饮茶的确切证据，却极具价值。我们对于道家和禅的兴趣，主要在于它们有关人生和艺术的思想。而这些思想，则体现在茶道上。

　　遗憾的是，尽管有过几次值得称赞的尝试，但迄今为止，似乎没有任何一种外语对道和禅的学说做过详尽的介绍。[1]

　　翻译总是对原作的一种背叛，正如明朝的一位作家所

---

[1] 保罗·卡鲁斯（音）博士，《道德经》，开放庭院出版公司，芝加哥，1898年。

描述的那样，译得再好也只不过像织锦的背面——纵横的丝线一根不少，但却不见色彩之美和匠心之巧。可是说到底，又哪里存在着容易解释的伟大学说呢？古代的圣贤从来没有把他们的理论系统化。他们用反论阐述自己的主张，因为他们害怕说不出完全的真理。他们像愚人那样开始讲话，却在结束时把听众都变成贤者。老子自己也带着奇特的幽默说道："下士闻道，大笑之。不笑，不足以为道。"[1]

"道"的字面意义是"路径"（path）。它被翻译成"道路"（way）、"绝对"（absolute）、"法则"（law）、"自然"（nature）、"至理"（supreme reason）和"方式"（mode）等，不一而足。这些译法都没有错。这是因为，道家在使用这个字的时候，"道"的含义根据所关注的主题不同而变化。关于这个问题，老子自己论述如下："有物混成，先天地生。寂兮寥兮，独立而不改，周行而不殆，可以为天地母。吾不知其名，字之

---

[1] 出自《道德经》第四十一章。意思是，生性愚笨的人听到讲"道"时会大笑，他们不笑的话，那就不是"道"。——中译者注

曰道，强为之名曰大。大曰逝，逝曰远，远曰反。"[1] "道"
与其说是"路径"，不如说是"通路"（passage）。它
是宇宙变化的精神——一种永恒的生长，在不断回归自身
的过程中产生新的形式。"道"，就像龙（道家喜爱的象
征）那样反诸自身，又像云那样卷舒自如。"道"也可以
被称作"大的变化"。主观地看，它是宇宙的"气"。它
的"绝对"就是"相对"。

　　首先应该铭记的是，道家思想和它的正统继承者——
禅宗一样，体现着中国南方思想中的个人主义倾向。这与
以中国北方儒家思想为代表的集体主义精神形成了鲜明的
对照。国土面积等同于整个欧洲的中国，以横贯大地的两
大水系为标志，具有两种不同的特质。长江和黄河，分别
可以比作地中海和波罗的海。就是到了今天，尽管经过了
几个世纪的统一，南方人在思想和信仰上还是与北方同胞
存在着差异，就像拉丁民族区别于条顿民族（日耳曼人的

---

[1]　出自《道德经》第二十五章。意思是，有一个东西浑然而成，在天地
　　形成以前就已经存在。听不到它的声音，也看不见它的形体，寂静而
　　空虚，不依靠任何外力而独立长存永不停息，循环运行而永不衰竭，
　　可以作为万物的根本。我不知道它的名字，所以姑且把它叫作"道"，
　　再勉强给它起个名字叫作"大"。它广大无边而运行不息，运行不息而
　　伸展遥远，伸展遥远而又返回本原。——中译者注

一支）一样。在交通远比今天落后的古代，特别是封建时代，这种思想上的差异最为显著。另一方面，艺术和诗歌的表达与诠释，也与另一方完全不同。从老子和他的门徒，以及长江流域自然诗人的先驱屈原身上，我们可以找到一种理想主义，这与同时代北方作家乏味的伦理道德观念大相径庭。老子生活在公元前6世纪至公元前5世纪。

道家思想的萌芽，可能远早于老子的出现。中国古代的文献记录，特别是《易经》，预示了老子的思想。随着公元前16世纪[1]周王朝的确立，古典时期的中国文明达到了鼎盛。可是，社会对于法律和习俗的极大尊重，在长时期内阻碍了个人思想的发展，因此，只有在周王朝分崩离析，无数的独立国家出现后，个人的思想之花才能够自由地竞相吐艳。老子和庄子同为南方人[2]，都是新思想最伟大的倡导者。另一方面，孔子立志与他众多的弟子一起，维护自古以来的传统。没有儒学的知识就不可能理解道家学说，反之亦然。

正如已经讲过的那样，道家的"绝对"正是"相

---

[1] 应为公元前11世纪，周朝始于公元前1046年。——中译者注
[2] 老子为楚国苦县曲仁里（今河南鹿邑东）人，庄子为宋国蒙（今河南商丘市东北）人。——中译者注

对"。在伦理方面，道家痛斥了法律和社会道德，这是因为，对他们来说，正邪善恶只不过是相对性的概念。定义就是一种限制——"固定"和"不变"只不过是表示成长停止的术语。屈原曰："圣人不凝滞于物，而能与世推移。"[1]我们的道德规范，产生于过去的社会需要。但是，社会可能一直保持原来的状态吗？遵守社会共同的传统，就意味着个人必须要不断为国家做出牺牲。教育为了维持巨大的妄想，甚至鼓励一种无知。它不是教导人们做一个真正有德的人，而是做一个规矩行事的人。我们之所以丧失道德，是因为我们的自我意识膨胀得可怕；我们之所以绝不宽恕别人，是因为知道自己也不对；我们之所以过分呵护良心，是因为害怕对别人说真话；我们之所以在骄傲中寻求庇护，是因为不敢告诉自己真相。世界本身就是如此荒谬，谁还能认真严肃地对待它呢！物物交换的现实精神随处可见。什么道义！什么节操！快来看那些零售"真"和"善"的洋洋自得的商人吧。人甚至连所谓的宗教都能买到。而这种宗教，只不过是用鲜花和音乐神圣化

---

[1] 出自屈原《渔父》。意思是，通达事理的人对客观时势不拘泥执着，而能随着世道变化推移。实际上这是渔父的话，他见屈原憔悴困苦，就劝他随波逐流，与世浮沉。——中译者注

了的普通道德。把教会身上那些附属品统统剥掉吧，看看还能剩下什么。可是，信用依然以惊人的速度繁殖，因为它的价格便宜得离谱——无论是能得到天堂门票的祈祷，还是名誉市民的证书。赶快把自己的才能藏起来吧！如果你的真实价值暴露在世间，马上就会被拿去拍卖，落到最高投标人的手中。为什么男男女女都如此热衷于宣传自己？这难道不正是源于奴隶时代的一种本能吗？

　　道家思想的生命力，不仅在于它能够支配在它之后发生的种种社会运动，更在于它能够突破同时代思想的重围，凌驾于它们之上。秦朝是中国封建社会的第一个大一统时期——China（中国）这个名称即源于此时——道家思想是贯穿整个秦朝的一大动力。如果我们有时间，探讨一下它给同时代的思想家、数学家、法学家、军事家、玄学家、炼金术师以及后来长江流域的自然诗人所带来的影响，那将是非常有趣的。我们甚至不能忽略那些"实在论"者们，他们怀疑白马是因为白色而真实存在，还是因为是固体而真实存在[1]；也不能无视那些六朝的清谈家们，

―――――――――――

[1] 出自公孙龙《公孙龙子·白马论》："马者，所以命形也。白者，所以命色也。命色者非命形也，故曰白马非马。"公孙龙，战国时期赵国人，著有《公孙龙子》一书。——中译者注

他们像禅学家那样，沉浸在关于"纯粹"和"抽象"的讨论之中。在此我们要特别向道家表示敬意的是，道家思想为中国人性格的形成做出了巨大贡献，它赋予中国人一种所谓"温润如玉"[1]的谨慎和高雅的能力。在中国历史中，这样的轶事比比皆是——无论王侯或者隐士，道家的忠实信徒们因为遵从道家信条的教导，而造成了种种意想不到的有趣结果。那些故事将教化和娱乐融为一体，其中包括丰富的趣闻、寓言和警句。我们将非常乐于和那个从未活过更不曾死去的故事中的快乐皇帝交流。我们将与列子一起御风而行，并发现这风是绝对寂静的，因为我们自己就是风。或者，我们还将与那个居住在天地之间的、不属于天也不属于地的河上公一起，在空中驻足。现今的中国，充斥着各种荒诞怪异的道教替代品，但即使在它们当中，我们也会发现其他任何宗教都不可能有的丰富意象并沉醉其中。

然而，道家思想对亚洲人的生活所做的主要贡献，还是体现在美学领域。中国的历史学家经常把道家思想称为"处世的艺术"。这是因为道家所应对的就是现在，即

---

[1]　出自《诗经·秦风》："言念君子，温其如玉。"——中译者注

我们自己。正是在我们身上，神和自然相遇，昨天和明天分离。"现在"是移动中的"无限"，是"相对"的合法领域。"相对"寻求"调整"，而"调整"是一种"艺术"。人生的艺术，就在于我们对周围环境的不断调整。道家对现世的所有都全盘接受，而且与儒者和佛教徒不同的是，他们尝试着从这个充满悲哀和痛苦的世界中找到美。宋朝的寓言《三个品尝醋的人》，形象地说明了儒、佛、道这三种教义的不同倾向。释迦牟尼、孔子和老子站在象征人生的一坛醋前，各自用手指蘸醋品尝其味道。实事求是的孔子说那是酸的，而佛祖认为那是苦的，老子则断言那是甜的。[1]

　　道家信徒声称，如果每个人都能恪守和谐统一的原则，人生的喜剧就会变得越发有趣。保持事物间的均衡调和，在不失去自己的位置的前提下给别人让出空间，这是世间戏剧取得成功的秘诀。我们为了能够准确地扮演自己

---

[1] 又叫《三圣尝酸》或《三圣吸酸》。这个典故是否起源于中国，现在已无从考证，但比起在中国，它在日本流传得更为广泛，以它为题的《三酸图》更是层出不穷，成为有名画家的画题。他们或者画北宋苏东坡（儒）、黄鲁直（道）和佛印（佛）等三人，或者画孔子、老子和释迦牟尼，不尽相同。——中译者注

的角色，必须了解整部戏剧，绝不能为了个人的考虑而丢掉整体。老子用他所擅长的隐喻——"虚"，阐明了这个道理。他主张事物的真正本质只存在于"虚"中。譬如，一间房子的实质，只能存在于由屋顶和墙壁围起来的虚空里，而并不存在于屋顶和墙壁本身。水壶的功用在于它盛水的空间，而不在于它的形状和材质。"虚"是万能的，因为它能包容一切。只有在"虚"中，运动才能成为可能。一个虚怀若谷、敞开心胸让其他人自由出入的人，能够控制任何状况。整体总是能够支配部分。

　　道家的这些思想，给我们所有的动作理论带来了非常深远的影响，甚至包含剑术和相扑。日本的防身术柔道，名字就取自《道德经》中的一段 [1]。在柔道中，一方通过"不抵抗"即"虚"的策略，努力引出并耗尽敌人的力量，同时保存自己的实力，以夺取最后的胜利。而在艺术领域，这个原理的重要性，可以通过暗示的价值加以证明。留下一些未尽之意和空白，就能给欣赏者机会去完成那个作品所传达的理念。这样，伟大的杰作总会产生一种

---

[1]　出自《道德经》第四十三章："天下之至柔，驰骋于天下之至坚。无有入无间，吾是以知无为之有益。不言之教，无为之益，天下希及之。"——中译者注

令人无法抗拒的巨大吸引力，最终让你感到似乎真的成了那个作品的一部分。"虚"就在那儿，等待着你进入，并且把你美的感情填满。

彻底领悟了生之艺术的人，就是道家所说的"真人"。他一出生就进入梦的王国，只有在临死时才会觉醒，回到现实。他韬光养晦，和光同尘。他"小心谨慎，好像冬天踩冰过河；犹豫不决，好像怕惊动了四方邻居；恭敬郑重，好像要去赴宴的客人；潇洒利落，好像正在消融的冰块；纯朴厚道，好像没有经过加工的木材；旷远豁达，好像深幽的山谷；混沌不清，好像污浊的浑水"[1]。对他来说，人生有三宝，那就是慈悲、俭约和谦让。[2] 现在，如果我们把注意力转向禅，就会明白它正是在强调道家的教义。禅的名称，来自梵文"禅那"（Dhyana），意为"冥想静思"。禅主张只要通过神圣的冥想，就能到达自我实现的极致。冥想是通向开悟的六个方法之一。禅

----

[1] 出自《道德经》第十五章："豫兮，若冬涉川；犹兮，若畏四邻；俨兮，其若客；涣兮，其若冰之释；敦兮，其若朴；旷兮，其若谷；混兮，其若浊。"其中，"涣"一字，作者作"trembling"，与《道德经》原文不符。——中译者注

[2] 出自《道德经》第六十七章："一曰慈，二曰俭，三曰不敢为天下先。"——中译者注

宗教徒断言，释迦牟尼在他晚年的教导中特别强调这个方法，并把它传给了他的高足迦叶[1]。根据禅宗的传说，禅宗的始祖迦叶把冥想的奥义传给阿难陀[2]，阿难陀又依次传给了后代祖师，直到第二十八代祖师菩提达摩[3]。菩提达摩于 6 世纪上半叶来到中国北方，成为中国禅宗的开山祖师。关于这些祖师和教义的历史，尚有许多不明之处。如果从哲学的角度来看，初期的禅学一方面与龙树[4]的印

---

[1] 迦叶，释迦牟尼的十大弟子之一。又称摩诃迦叶、大迦叶等。在佛弟子中，有"头陀第一""上行第一"等称号。禅宗所传"拈花微笑"的典故，讲的就是佛祖传法给迦叶的故事。——中译者注

[2] 阿难陀，释迦牟尼的十大弟子之一。原是释迦牟尼佛的堂弟，后跟随佛祖出家，当侍者二十五年。因为他专注地服侍佛祖，对佛祖的一言一语谨记无误，因此被称为"多闻第一"。佛祖涅槃后，大迦叶成为"初祖"，统领广大佛家弟子。大迦叶圆寂后，阿难陀继承迦叶，率领徒众弘扬佛法，被后世尊为"二祖"。在寺院中，阿难与迦叶总是侍立在佛祖的两边，成为佛祖的胁持。——中译者注

[3] 菩提达摩，通称达摩，南天竺婆罗门种姓，原名菩提多罗。是中国禅宗的始祖。传说他在嵩山少林寺面壁九年，终于开悟。——中译者注

[4] 龙树，释迦牟尼死后七百年左右（2—3世纪）生于印度南部。研究并传播大乘佛典，被尊为大乘佛教的开山祖师。其哲学的中心理论为"缘起性空""二谛中道"和"八不偈"。他认为宇宙万物的真实相是"空"，亦是"中道"。——中译者注

度否定论 [1] 相似，另一方面又和商羯罗 [2] 法师建立的智慧

哲学 [3] 有相通之处。今天我们所知道的禅宗的最初教义，

应当始于中国的第六代祖师慧能 [4]。慧能因为把禅宗在南

方发扬光大，所以被看作南派禅宗的创始人。慧能死后不

久，他的继承者马祖大师 [5] 将禅的生动感化力融入中国人

----

[1] 实际上并不存在"印度否定论"这一宗教或哲学术语。这里的否定论
    应该指龙树的"八不偈"，即"不生亦不灭，不常亦不断，不一亦不
    异，不来亦不出"（龙树《中论》卷首）。龙树认为这四组对立的范畴是
    一切存在的基本形式，也是人们认识事物的依据。他在每一个范畴的
    前面加上否定的"不"字，意在说明事物存在和认识的相对性、不真
    实性，是对其"空论"哲学的具体阐述。——中译者注

[2] 商羯罗，789年左右生于印度南部。印度教的复兴者，婆罗门哲学的集
    大成者。——中译者注

[3] 智慧哲学又叫"知识哲学"，是作者自己创造出来的哲学用语。商羯罗
    认为世界本身是虚妄的，如同梦境或海市蜃楼，但世人惑于无明（一
    切迷妄和烦恼的根源），从下智看世界，错把虚妄当作真实。这其实是
    指以智慧消除无明的解脱观。——中译者注

[4] 慧能（638—713），亦作惠能。唐朝僧人，本姓卢。佛教南派禅宗的开
    创者，也是禅宗的第六代祖师。禅宗教义最早形诸文字的就是《六祖
    坛经》。他是中国历史上有重大影响的思想家、宗教家之一。——中译
    者注

[5] 马祖（709—788），唐代僧人。名道一，本姓马，后世也称马祖或马祖
    道一。他上承菩提达摩祖师至六祖慧能大师以来"以心传心"的宗旨，
    倡导"即心即佛""平常心是道"之理，在推动佛教进一步中国化和贴
    近民众的日常生活方面，做出了重大贡献。——中译者注

的生活当中。马祖的弟子百丈[1]最先建立了禅寺，制定了包括各种仪式和规定在内的《丛林清规》。在马祖时代以后的禅宗问答中，我们发现，禅宗在长江流域精神传统的影响下，吸收了许多中国固有的思考方式，与原来印度的理想主义形成了鲜明的对照。即使有人出于门户之见坚决否认，人们还是不禁感叹，南派禅宗与老子、道教清谈家的学说何其相似！我们已经发现，精神集中的重要性和适当调节气息的必要性，在《道德经》中均已提及。而这些也正是坐禅实践必不可少的基本要点。《道德经》中的一些最佳注释就出自禅学家之手。

　　禅宗与道家相同，都崇拜"相对"。有个禅师把禅定义为在南天感受北极星的艺术。真理只有通过理解事物的反面才能领悟。此外，禅宗与道家同样是个人主义的热烈倡导者。他们认为，除了和我们自身的思维活动密切相关的事物之外，没有什么是真实存在的。一次，第六代祖师慧能看到两个僧人对着塔上随风飘动的旗子辩论。一人说"是风在动"，另一人则说"是旗在动"。最后，慧能

---

[1]　百丈（720—814），唐代僧人，名怀海，又称怀海禅师。他根据中国国情和禅宗特点，折中大小乘戒律，改革了佛教东来的制度，正式制定了《丛林清规》（又称《百丈清规》）。——中译者注

向他们说明，真正在动的既非风也非旗，而是他们自己的内心。[1] 还有一次，百丈与一个弟子在森林中散步，一只兔子在他们走近时飞快地逃走了。百丈问："兔子为何逃跑？"弟子回答："因为它怕我。""不，"师父说，"是因为你有杀生的本能。"[2] 这番对话令我们想起道家的庄子。一日，庄子和一个朋友在河边散步。庄子兴奋地喊道："鱼在水中自由自在地游泳，多么快乐啊！"他的朋友说："你又不是鱼，怎么知道鱼的快乐呢？""你又不是我，"庄子回答道，"你怎么知道我不知道鱼的快乐呢？"[3]

正如道家反对儒家那样，禅宗与正统佛教的教义也常常是对立的。对于禅的卓越的洞察力来说，言辞只不过是思想的障碍。佛教经典的全部影响，也不过是个人思索

---

[1] 时有风吹幡动。一僧曰风动，一僧曰幡动，议论不已。慧能进曰："不是风动，不是幡动，仁者心动。"（《坛经·行由品第一》）——中译者注

[2] 此事《五灯会元》卷四及《景德传灯录》卷十均有记载，但与此有出入。《景德传灯录》卷十《赵州观音院从谂禅师》："有人与师游园，见兔子惊走。问云：'和尚是大善知识，为什么兔子见惊？'师云：'为老僧好杀。'"——中译者注

[3] "庄子与惠子游于濠梁之上。庄子曰：'鯈鱼出游从容，是鱼之乐也。'惠子曰：'子非鱼，安知鱼之乐？'庄子曰：'子非我，安知我不知鱼之乐？'"（《庄子·秋水》）——中译者注

的注脚。禅宗信徒把事物外在的附属品看作认清真理的阻碍，追求与事物内在本性的直接交流。正是这种对于抽象的热爱，使得禅宗信徒在绘画上宁愿放弃佛教古典画派的工笔重彩，而选择黑白水墨。禅宗信徒中，甚至出现了圣像破坏主义者。这是因为，他们宁可努力去追求自己心中的佛祖，也不愿依赖现实的佛像和象征。

　　还有这样一个故事：一个寒冷的冬日，丹霞法师打碎了一尊木制佛像生火取暖。旁边的人又惊又怕地说："这是何等的冒渎！"法师平静地回答说："我要在木灰中取舍利[1]。"对方怒气冲冲地喊道："可是你从木佛里是取不出舍利的呀！"丹霞法师答道："要是没有舍利的话，这肯定不是真正的佛，又何来冒渎之事呢？"说着，就背过身去烤火了。[2]

　　禅对东方思想的特殊贡献，就在于它认识到凡俗世界和精神世界同等重要。根据禅的主张，在事物之间的庞

---

[1]　将佛陀火葬后从其骨灰中取出的宝石（一般指佛骨）。

[2]　丹霞法师（739—824），又称丹霞天然，慧能之后的青原派第三代宗师。原文为："于慧林寺遇天大寒。师取木佛焚之。人或讥之。师曰：'吾烧取舍利。'人曰：'木头何有。'师曰：'若尔者，何责我乎。'"（《景德传灯录》卷十四）——中译者注

大关联中，并没有大和小的区别；即使是一颗微小的原子，也拥有与巨大宇宙同等的可能性。寻求完美的人，必须在自己的生活之中，发现内心之光的反射。从这个观点来看，禅寺的组织形态具有非同寻常的意义。除了住持之外，每个僧人都被分派了照管禅寺的专门工作。说来也怪，刚入门的弟子，一般承担比较轻松的任务，而修行最深、德行最高的僧人，分担的工作远比其他人烦琐和卑贱。这些服务构成了禅僧修行的一部分，不管工作多么琐细，都必须完美地完成。这样，许多重要的禅宗问答，就在给庭院除草、给芜菁刮皮和烧水沏茶的过程中进行。茶道的全部理想，来自这样一个禅的观念，即在人生琐事中发现伟大。道家为审美理想打下基础，禅宗把这个理想付诸实践。

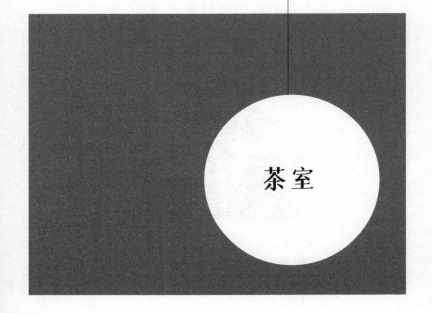

第四章

茶室

　　对于在砖石建筑的传统下成长起来的欧洲建筑师而言，使用木材和竹子的日式建筑法，几乎不具有进入建筑殿堂的价值。只是到了最近，一位优秀的西洋建筑研究家才对日本大型寺院建筑的完美予以认可，并大加赞赏。[1]对待一流的古典建筑尚且如此，我们也就无法期待外行人能够接受和欣赏茶室那微妙的美。茶室在建筑原理及装饰法则方面，与西方存在着巨大差异。

　　茶室又叫"数寄屋"，只是一间极其简陋的小屋，即我们所说的茅屋。"数寄屋"（sukiya）这个词语的原义是"嗜好之屋"。之后，每个茶师都根据自己对于茶室的不同见解，各自选用不同的汉字，因此"数寄屋"这个用语有时也会有"空屋"（日语汉字为"空き家"）或"不

---

[1]　拉尔夫·N. 克拉姆（音），《对日本建筑及相关艺术的印象》，贝克与泰勒出版公司，纽约，1905年。

完全之屋"（日语汉字为"数奇屋"）之义。[1] 茶室被叫作"嗜好之屋"，因为它是用来安置诗兴的临时小屋。茶室被叫作"空屋"，因为除了满足当时审美需要的东西之外，里面不摆放其他任何物件。茶室被叫作"不完全之屋"，是因为人们出于对"不完全"的崇拜，故意留下一些未完成的东西，任由想象来完成。16世纪以来，茶道的理念给日本建筑带来了如此深远的影响，以至于直到今天，日本普通房屋的内部装饰，也极其简朴和洗练——虽然在外国人看来，这几乎就等于煞风景。

　　第一个独立茶室是由千宗易 [2] 建造的。后来，他以千利休之名闻名于世，是历史上最伟大的茶师。16世纪时他在太阁丰臣秀吉 [3] 的庇护下，确立了茶道的仪式，使之到

---

[1] 在日语里，"空屋""数奇屋"和"数寄屋"发音相同，都是sukiya，这三个词语的汉字形义相近又相互区别，体现了不同茶师对茶室的不同考虑。——中译者注

[2] 千宗易（Senno Soueki），通称千利休（Senno Rikyu，1522—1591），安土桃山时期的著名茶师，日本茶道的集大成者。师从武野绍鸥，完成"侘茶"之仪式。早年名为千宗易，后来在丰臣秀吉的聚乐第举办茶会之后获得秀吉的赐名，才改为千利休。得到织田信长和丰臣秀吉的极大恩宠，但因触怒了秀吉被赐自杀。——中译者注

[3] 丰臣秀吉（Toyotomi Hideyoshi，1536—1598），日本战国时期和安土桃山时期的武将，统一了日本，结束了日本的战国时代，对推动日本茶道的发展做出过极其重要的贡献。太阁（Taiko），对摄政或太政大臣的尊称。——中译者注

↑

[南宋] 刘松年《撵茶图》(局部)

画面中，左前方有一人坐在矮几上，正在转动碾磨磨茶，磨边有茶帚、筛茶的茶罗、贮茶的茶盒等，是宋代点茶品饮的真实写照。

↑

宋代将茶饮上升到品玩的游戏层面，斗茶之风盛行。宋徽宗就是斗茶、分茶的高手。这幅《文会图》就是宋徽宗所画的茶宴杰作，也是宋徽宗对宋代龙凤团茶点法和品饮环境的生动写照。

↑

[唐] 阎立本《萧翼赚兰亭图》(局部)

画面是唐代最具代表性的茶末入铛煮法。是现存最早表现唐代煮茶法的绘画，展示了初唐时期寺院煮茶待客之风尚。

碧山深处绝纤埃，面轩窗，
对好闹数两含茶事。
好鼎汤初沸有明来，
嘉靖辛卯山中茶事方盛，
陆子傅过访道饭煮，
而品之尤一致佳话也。
澂明製

← ← ←

[南宋] 李嵩《罗汉图》

点茶是用茶箸或茶匙、茶筅在容器中将沸水（宋人称"汤"）与茶粉调出泡沫的技巧。点茶有两种：一种是直接在茶盏中点饮，如李嵩《罗汉图》，一种是在茶盆中点好，饮用时用勺舀到茶盏里，如刘松年《撵茶图》。

← ←

[明] 陈洪绶《品茶图轴》

明代茶的品饮方式流行撮泡法。明代中国茶叶制作的主流由团饼茶改为散茶，改蒸青为炒青。由此，品饮方式也从末茶烹煮或冲点改为散茶全叶沏泡。同时，因为新的撮泡法流行，前代流行的碾、磨、罗、筅、汤瓶之类的茶具皆废弃不用，泡茶的茶壶才真正出现。紫砂茶壶因其良好的实用功能，而且以俗入雅，以平出奇，有很高的审美价值，受到了士大夫文人的喜爱。

←

[明] 文徵明《品茶图轴》

明太祖朱元璋罢进龙凤团饼茶，改进芽茶。煮法、点法逐渐淡出，饮法改为简便的芽叶冲泡。明代城市化发展迅速，茶馆林立，园林兴盛。文人士大夫优游于山林，品茗活动的内容有：琴棋书画、诗酒花香。品茶作为一种符号，纪游、饯别、雅集、卜居，都有它的身影。

达了大成的阶段。茶室的大小是由 15 世纪有名的茶师武野绍鸥[1]确定的。初期的茶室只是普通客厅的一部分，举行茶会时用屏风隔离开来。那个隔出来的部分被称作"围室"（kakoi）。这个名称，至今还被用来称呼建于室内的非独立茶室。数寄屋由茶室本身、水屋（准备室）、玄关（等候室）和露地（庭院小径）组成。正如"比美慧三女神多，比缪斯九女神少"[2] 的谚语所暗示的那样，茶室最多只能容纳五个人；水屋是把要带入茶室的茶具预先洗净和备齐的地方；玄关是客人被邀请进入茶室之前一直等候的地方；露地则是连接茶室和等候室的庭院通道。茶室看起来毫不起眼。它比日本最小的房屋都小，所使用的建筑材料，意在暗示一种优雅的清贫。但我们不可忘记，这些都出自深远的艺术构思。在它的细节上花费的巨大心思，甚至超过了最富丽堂皇的宫殿和寺院。一间好的茶室，其建造费用要高于一幢普通的宅邸。这是因为，无论是在工

---

[1] 武野绍鸥（Takeno Joo, 1502—1555），室町后期（16 世纪）的茶师，千利休的师傅。本书误作"15 世纪"。——中译者注

[2] 美惠三女神（Graces），又叫格蕾丝或三位姐妹女神，在古希腊神话中为阿格莱亚（灿烂）、欧佛洛绪涅（欢乐）和塔利亚（花朵），赐给人魅力与美丽。缪斯女神（Muses），又名第六感女神。在希腊神话中，缪斯女神是九位掌管诗词、歌曲、舞蹈、历史等艺术女神的统称。——中译者注

艺上，还是在材料的选择上，都需要极其细心和精确。实际上，茶师所雇用的建筑工匠，构成了手艺人中备受尊崇的独特阶层，他们的工艺如此精巧，就是和漆绘家具工匠的手艺相比，也绝不逊色。

茶室不同于任何一座西方建筑，就是与日本自身的古代建筑相比，也有显著的区别。日本古代宏大的建筑物，不论是世俗的还是宗教的，即使仅从规模来看，也都不可小觑。几个世纪以来，在毁灭性火灾中仅存的少数建筑，其富丽堂皇的装饰，仍让人心存敬畏。直径为两三英尺（约 0.6 米 ~0.9 米），高度可达三四十英尺（约 9 米 ~12 米）的巨大木柱，依靠一个结构复杂的网状支架，支撑着在覆瓦屋顶的重压下嘎吱作响的巨大房梁。这种建筑的材料和样式，虽然不敌火灾，但却以它自身的稳固证明了其抗震能力之强，非常适合日本的气候条件。法隆寺的金堂和药师寺的塔 [1] 就是值得关注的实例，它们充分表明了日本木造建筑的耐久性。这些建筑，在近十二个世纪的漫长岁月

---

[1] 法隆寺，位于奈良的圣德宗总寺院，南都（奈良）七大寺之一，据传由圣德太子于607年建造。其后遭火灾烧毁，重建后保存至今。其金堂和五重塔是世界上最古老的木造建筑。药师寺，位于奈良的法相宗大寺院。两寺均分别为南都（奈良）七大寺之一。——中译者注

里保持了完整无损，这些古老的寺院和宫殿内部，装饰极其奢华。在 10 世纪修建的宇治凤凰堂，曾经覆满墙壁的壁画和雕刻残件自不必说，我们还能看到五颜六色的精致宝盖和镀金佛座，上面镶嵌着许多明镜和螺钿。[1] 日光的宗教建筑 [2] 和京都的二条城 [3] 在色彩的运用和细节的雕琢上，竭力追求阿拉伯式和摩尔式豪华绚丽的装饰风格，从而牺牲了建筑的结构美。

　　茶室的简朴和纯粹源自对禅宗寺院的模仿。禅寺区别于其他佛教宗派寺院之处，就在于它仅仅是为了禅僧居住而建造的。禅堂不是礼拜和朝圣的场所，而是供禅宗弟

---

[1] 宇治平等院阿弥陀堂的别称。1053 年修建。堂内安置了阿弥陀如来坐像，装饰也极尽奢华。建筑和佛像等被登录为世界遗产。除凤凰堂建筑本身外，阿弥陀如来坐像、木造云中供养菩萨像五十二座、木造宝盖和凤凰一对、梵钟和壁画都是国宝。其中以圆形和四角形组合而成的珍贵而豪华的宝盖，由螺钿和透雕装饰。螺钿，一种传统的手工艺品，以螺蛳壳或贝壳制成人物、鸟兽、花草等形象镶嵌在漆器或雕镂器物的表面，做成有天然彩色光泽的花纹、图形。另外，其修建是在11 世纪（1053），文中所说的"10 世纪"有误。——中译者注

[2] 栃木县日光市的神社和寺院的总称，包括东照宫、二荒山神社和山轮王寺，是世界遗产。装饰风格华丽。——中译者注

[3] 位于京都中京区二条城町的江户时代的古城。其中以二九御殿为首的二十二座建筑物及殿中共计九百五十四幅壁画是日本重要文化遗产。——中译者注

子聚集在一起的场所，是进行讨论和冥想的学习室。在这个房间里，除了佛坛后面嵌在墙壁中央的佛龛外，没有其他装饰。佛龛中立着禅宗创始人菩提达摩的像，或是释迦牟尼像，由最早的禅宗祖师迦叶和阿难陀相伴左右。佛坛上摆放着的花和香，是人们为了纪念这些圣者对禅的巨大贡献而供奉的。我们曾经说过，正是禅僧们在菩提达摩像前轮流从一个茶杯中喝茶的仪式，为茶道奠定了基础。在此我们可以补充一点，即禅堂的佛坛是壁龛（"床之间"，tokonoma）的原型。也就是说，日式客厅的上座——装饰着绘画和插花，给客人以精神陶冶的壁龛，其形式正取自于禅堂的佛坛。

　　日本所有杰出的茶师，都是禅宗的修行者，他们还尝试着把禅的精神融入现实生活中。因此，茶室与其他的茶道器具一样，反映了禅宗的许多教义。《维摩诘经》中的一段经文，规定了正统茶室的大小为四个半榻榻米，或者十平方英尺（约0.9平方米）。这部极具趣味的著作中讲道，维摩诘[1]居士把文殊师利菩萨和八万四千名佛门弟

----

[1]　维摩诘是音译，详称为维摩罗诘，或简称维摩，旧译净名，新译无垢称，则为意译。根据《维摩诘经》记载，维摩居士自妙喜国土化生于娑婆世界，示现在家居士相，辅佐佛陀教化，为法身大士。《维摩诘经》，就是记载维摩诘居士所说的不可思议的解脱法门的经典。此经由三国吴支谦译出后，即在我国盛行，历代以来多达七种汉译本，目前以鸠摩罗什所译最为流畅，评价最高，流通也最广。——中译者注

子迎入了这样一间斗室之中。《维摩诘经》中的寓言正是基于这样一个理论：对于真正的悟道者来说，并不存在空间。此外，从等候室通往茶室的庭院小径"露地"，意味着冥想的第一阶段，即通向自我启发的道路。营造露地的目的是把茶室和外部世界分隔开来，酝酿出一种新鲜的感觉，从而有助于人们在茶室内部充分体味美的情趣。凡是曾经在露地上漫步的人，必定不会忘记：在常青树的幽暗绿荫里，脚踩干枯的松针，走过大小不一却排列整齐的石块，从长满青苔的花岗岩灯笼旁悠然经过——那时，心灵是如何的超越俗世，自由飞扬。纵使身居闹市，也会感觉恍如远离文明的尘嚣，置身于茂密的森林之中。在营造这种清静和纯粹的效果上，茶师们的确独具匠心。至于走过露地时所唤起的感情应该具有何种特质，茶师们的主张则各自不同。像利休那样的大师，追求的是绝对的孤寂。他断言，建造露地的奥秘隐藏在下面的古歌当中：

极目远眺水滨暮，不见繁花与红叶。

唯有岸边孤草棚，独立秋日余晖斜。[1]

---

[1] 这是藤原定家的和歌："見渡せば花ももみじもなかりけり　浦のとまやの秋の夕暮れ"（《新古今和歌集》秋下·363）。——中译者注

其他的茶师，如小堀远州 [1]，则寻求另外一种效果。远州说，露地的理念可以在下面的诗句中被发现：

林间苍海黄昏月。[2]

远州的心思不难揣测。他希望创造这样一种心境——刚刚觉醒的灵魂，一边彷徨在过去的阴暗梦境中，一边又沉浸在充满甜美灵光的忘我境地里，憧憬着浩瀚天空的自由。

带着这样的心情，客人默默地走向茶的圣殿。武士会把自己的剑放到屋檐下的刀架上，因为茶室是和平的至上空间。然后客人深深地弯下腰，通过一扇高度不超过三尺的小门，膝行进入茶室。这一套程序，是所有的客人都必须履行的，无论高低、不分贵贱，它的目的就是教人学会谦让。席次是在等候室休息的时候一起商定的，客人们按

---

[1] 小堀远州（Kobori Enshu, 1579—1647），远州派茶道的创始人，江户时代初期的代表茶人之一。他原是武将，早年曾追随古田织部学习茶道，侍奉丰臣秀吉和德川家康，亦是德川第三代将军家光的御用茶道师。在和歌、插花、建筑、庭园建造以及茶具的选择和鉴定上造诣很深。——中译者注

[2] "夕月夜海すこしある木の間かな。"——中译者注

顺序静静地进入茶室就座。首先向壁龛中的画轴和插花致敬。不久客人全部就座，房间安静下来，整个茶室除了铁壶里开水沸腾的声音，没有一丝声响。这时，主人才进入茶室。烧水的铁壶欢快地歌唱，因为在壶底放置了铁片，从而产生了一种特殊的旋律。在沸腾声中，人们能听到云中瀑布的磅礴回响，远处大海的惊涛拍岸，或者横扫竹林的暴风骤雨，还有那遥远山冈上的萧瑟松籁。

即使在白昼，茶室内的光线也很柔和。因为斜房顶那低垂的屋檐，大大遮蔽了照进茶室的阳光。茶室里从天花板到地板，一切色调皆稳重淡雅。客人自己的服装，也都是精心选择的素净颜色。房间里处处古色古香，新的东西在此被全部禁用，只有茶筅和亚麻方巾是例外，它们必须保持洁白崭新，和周围的一切形成鲜明的对比。茶室和茶具无论看上去多么古旧褪色，都绝对是干净无垢的。就连房间里最黑暗的角落，也一尘不染。因为哪怕只有一丝灰垢，主人都不配做一名茶师。当一名茶师的首要条件，就是要具备有关打扫、擦拭和清洗的知识，因为清洁和除尘也是一门艺术。对于一件金属古董，绝对不能带着荷兰主妇那种过分的热情进行打扫。从花瓶上滴落的水珠，也无须擦掉，因为那会使人联想到露珠，联想到清凉。

与此相关，有一个关于利休的故事，充分说明了茶师
们所抱有的清洁观念。一次，利休看着他的儿子绍安[1]在
露地上清扫并洒水。绍安做完后，利休说："不行，还不
够干净。"命令他重新打扫。绍安极不情愿地又干了一小
时，转身对父亲说："爸爸，再也没有什么要做的了。石
径已经冲洗过三遍，石灯笼和树木都喷洒了足够的水，
苔藓和地衣也都青翠欲滴。地上没有留下一根树枝、一
片树叶。""傻孩子，"茶师呵斥道，"露地不是这样
打扫的！"说着，利休来到庭园，晃起一棵树来。霎时
间，金黄和深红的树叶片片飞落，庭园的地面上铺满了
秋天织锦般的碎片。利休所追求的，不仅仅是洁净，还
有美和自然。

"嗜好之屋"的名称，暗示着茶室是为了迎合某些个
体的艺术需求而建造的。茶室是为茶师而建，但茶师并非
为茶室而生。茶室并不是为了传世，因此它只能是一个临
时性的建筑。在日本，每个人都应该拥有自己的房子，这
种思想源于日本民族古来的习俗。根据神道的迷信，每家

---

[1] 绍安，千利休长子，初名"绍安"，后为"道安"，号"眠翁""不
休斋"。

的住宅在主人死后都要腾空。这个习惯大概是基于我们并没有意识到的、某种卫生方面的理由。还有一个古老的习俗，就是应该给新婚夫妇建造房屋，供他们居住。我们发现，古代非常频繁的迁都，正是出于这个习惯。祭祀太阳女神的最高神社伊势神宫，每二十年就重修一次，正是古代仪式保存到今天的一个例子。这样的习俗，只有在拆卸容易、组装简单的日式木结构建筑中，才可能保留。若是采用更加经久耐用的建筑方式（砖石结构），迁都移民就无法实行。实际上，奈良时代以后，日本从中国引进了更坚固、更厚重的木造建筑形式，大规模的移动就变得遥不可及了。

然而，随着禅宗的个人主义在 15 世纪取得支配地位，它在与茶室的关联中形成了更加深刻的意义，逐渐浸透了原有的禅宗思想。禅宗根据佛教的无常理论和精神支配物质的要求，认为房屋只不过是一个暂时的栖身之所。身体本身也只是建在荒野里的临时小屋，是用遍地生长的野草搭起来的简陋的避雨棚——绑在一起的草一旦松开，小屋就顿时烟消云散，恢复到原来的荒野状态。茶室中的一切——简陋的茅草屋顶，脆弱的纤细立柱，轻巧的竹制撑架，以及看上去漫不经心的对于寻常材料的使用，都让人感受到人生的无常。永恒只存在于精神之中，而正是在这种单纯的环境里所表现出来的精神，以其自身优雅的微妙光线，美化着茶室中的一切。

茶室应该为茶师量身定做，这是艺术中生命力原理的强烈主张。艺术要想得到充分的鉴赏，必须契合同时代的真实生活。我们不是要无视后世的要求，而是要更加享受现在的生活。我们不是要忽视过去的创作，而是要努力把它们融入我们的意识之中。对传统和成规的过分屈从，会束缚建筑上的个性表现。在现代日本，西式建筑的无聊仿制品随处可见，对此我们只有流泪悲叹。我们还会感到奇怪，先进的西方国家为何会如此缺乏创新，为何会充斥着如此之多的陈腐重复？或许，我们现在正经历着艺术的民主化时代，正等待着能够建立艺术新王朝的巨匠出现。但愿我们对古人的热爱更多些，对他们的抄袭更少些！据说，希腊人之所以伟大，就是因为他们从不照搬古代。

"空屋"这个用语，不仅传达了包容万物的道教理论，还蕴含着"装饰主题需要不断变化"的观念。茶室之中，除了为满足某种审美情绪而暂时装饰的东西之外，应该是空无一物的。有时人们会把一些特别的艺术品带入茶室，为了烘托这个主题的美，其他所有的东西都必须经过精心的挑选和搭配。人不能同时倾听多首乐曲，只有把注意力集中在主题上，才能实现对美的真正理解。于是人们将会看到，我们茶室的装饰法，与西方流行的方式恰好相反。在西方，人们总是把室内装饰得像博物馆一样。对于习惯了装饰的简单和装饰方法频繁变化的日本人而言，西方人那永远充斥着大量绘画、雕刻和各式古董的室内装饰，只不过是一种恶俗的炫富。哪怕只是持续不断地观看一件杰出的作品，要想欣赏它的美，也需要丰富的鉴赏能力。何况那些欧美家庭中的人们，天天面对各种混乱的色彩和形状，的确需要无限的艺术感受能力。

"不完全之屋"这个用语，则暗示着我们装饰体系中的其他层面。西方批评家屡屡指出，日本的艺术品缺乏左右对称的美。这也是道家的理想通过禅表现出来的结果。二元论思想根深蒂固的儒家，和崇拜三位一体的北方佛教，绝不可能反对对称性表现。实际上，如果我们研究一下中国古代的青铜器，或是唐朝和奈良时代的宗教艺术，就会发现东方历史上人们追求对称的不懈努力。日本古典风格的室内装饰，在其搭配上完全是均匀对称的。然而，在道和禅的思想中，"完全"的概念是另外一回事。道禅哲学所具有的动态天性，使得它们更加看重追求完全的过程，而不是完全本身。只有在心中把不完全变成完全的人，才能找到真正的美。人生和艺术的生命力，存在于成长的可能性里。在茶室中，每一个客人都需要发挥各自的想象力，在心中营造出包括自己在内的整体效果。自从禅成为世间流行的思考方式以来，远东的艺术就有意识地避开左右对称，无论是在表现完全上，还是在表现重复上。设计上的整齐划一，被认为是阻碍想象力创新的致命缺陷。于是，山水花鸟比人物更容易受到画者的青睐，成为他们喜爱的主题，因为后者往往就是观看者自身的再现。实际上，我们经常过于突显和表现自我，全然不顾自己的虚荣心甚至自尊心是否令人感到乏味无聊。

　　在茶室里，必须永远避免重复。装饰房间的各色物件，都要经过精挑细选，以保证每一种色彩和样式都不会重复。如果室内已经有了插花，就不能再装饰花卉题材的画。如果烧水用的铁壶是圆形的，那么注水用的水壶就得是有棱角的。黑釉茶碗与黑漆茶叶罐不能放在一起使用。在壁龛里放置香炉或花瓶时，也要注意不要把它摆在正中央，以免把空间平分为两半。还有，壁龛的立柱应该采用不同于其他柱子的木材，以打破室内的单调气氛。

在此，我们又一次看到了日本的室内装饰法与西方的显著差异。在西方室内的壁炉上和其他场所，装饰品都是对称排列的。在我们看来，西方的房间里充满了无谓的重复。当我们和一个人谈话的时候，发现他的全身像正从背后盯着我们，那感觉真是坐立不安。我们不禁会暗中纳闷到底哪个是真的——是肖像画里的人，还是正在说话的人？随即产生一种奇怪的确信：他们当中肯定有一个是冒牌货。坐在宴会的餐桌旁，我们经常会因为凝视餐厅墙上挂得满满当当的画像，而在不知不觉中引起消化不良。为什么要装饰那些描绘被追逐的猎物的画呢？为什么要摆放对鱼类和水果的精致雕刻呢？为什么要陈列这些祖传的金银餐具，让我们想起曾经用它们进餐而早已不在人世的人们呢？

茶室的简单朴素和超凡脱俗，使它真正成为远离尘世烦恼的圣殿。在那里，也只有在那里，人们才能专心地把自己献给对美的崇拜。在16世纪，对于投身日本国内统一和重建的勇猛武士和政治家来说，茶室是难得的修身养性的场所。在17世纪，由于严格的形式主义在德川幕府的统治中不断发展，茶室为艺术精神的自由交流提供了唯一可能的机会。在伟大的艺术品面前，大名[1]、武士和平民没有高低贵贱之分。在今天工业化横行的世界，要想寻觅真正的风雅，变得愈发困难。难道我们今天不比以往更需要茶室吗？

―――――――

[1] 大名，原指地方上有势力的人。在武家社会，特指拥有广大领地和部下的武士。大名作为封建领主，和中国的诸侯有相通之处，也被称作大名诸侯。――中译者注

第五章

艺术鉴赏

你有没有听说过"驯琴"这个道家传说？

在太古时代的龙门峡谷[1]里，矗立着一棵古桐，它是真正的森林之王。它抬起头来能和星星聊天，它的根深深地扎在土地里，青铜色的根须盘绕着在地下沉睡的银龙的虬髯。一位伟大的仙人来到这里，用这棵树做了一张奇妙的古琴。这古琴有着桀骜不驯的灵魂，非最伟大的琴师不能够将其驯服。很久以来，这张古琴一直被珍藏在皇帝手中。人们一个接一个地试图在琴弦上弹奏出动听的旋律，但都是乘兴而来，败兴而归。他们竭尽全力，可是这张古琴却只报以轻蔑的刺耳声，完全不去迎合他们兴致勃勃将要演奏的歌曲，古琴拒绝接受一个主人。

终于，古琴圣手伯牙出现了。他像一名驯服烈马的骑士，温柔地抚弄琴身，轻叩琴弦。他吟咏自然和四季，歌唱高山和流水，唤醒了古桐所有的回忆。和煦的春风再度

---

[1]　河南省的龙门峡谷。

嬉戏在古桐的枝头叶间，青春的奔流欢快地跳过峡谷，向着含苞待放的花蕾绽放出微笑。倏尔，便传来夏日梦境一般的声音：夏虫的无数吟鸣，细雨的温柔淅沥，杜鹃的哀怨悲啼。听！一声虎啸，峡谷回应。秋季，荒凉的夜晚，寒如利剑的月光，映着覆满薄霜的秋草。冬季来了，天鹅成群结队地盘旋在飘雪的天空，冰雹噼里啪啦欢快地敲打着古桐的树枝。然后，伯牙改变曲调，歌唱爱情。森林颤动了，像热恋中的年轻男子，沉浸在深深的思念之中。明亮洁白的云朵，像高傲的少女在天空中飞翔。她拖在地面上的长长的影子，阴暗得近乎绝望。伯牙再次改变曲调，开始歌唱战争。铮铮刀剑声，阵阵马蹄响。琴声中，龙门风雨大作，银龙乘着电光腾空而起，山崩地裂，群山轰鸣。

皇帝大喜过望，向伯牙询问奏琴成功的秘诀。伯牙答道："陛下，那些失败的人是因为他们只歌唱自己，而我却任由古琴去选择它自己的主题。连我自己也分不清到底琴是伯牙，抑或伯牙是琴。"

这个故事生动地说明了艺术鉴赏的奥妙。所谓杰作，就是能够奏响我们最美好感情的交响乐。真正的艺术是伯牙，而我们则是龙门的古琴。一旦被美的魔法之手拨动，我们心中的神秘琴弦就会被唤醒，我们震动、战栗，与之呼应。心灵与心灵交谈。我们倾听于无言，我们凝视于未见。大师唤醒了我们自己都不知晓的心曲，长久尘封的记忆，全都带着崭新的意义苏醒过来。被恐怖压倒的希望，没有勇气承认的向往，都在新的荣光中显现出来。我们的心是画家涂抹色彩的画布，颜料就是我们的感情。那画中的浓淡明暗，是喜悦的光，是悲伤的影。杰作存在于我们自身当中，正如我们也存在于杰作之中。

艺术鉴赏所需的心灵间的和谐共鸣，必须建立在互相谦让的精神之上。就像艺术家必须精通传达讯息的方法一样，观赏者也应该培养自己接受讯息的正确态度。身为大名的茶师小堀远州，留下了这样的名言："接近伟大的绘画，就要像接近伟大的君主那样。"为了理解杰作，你必须在它面前俯首帖耳，屏息凝神，不错过它的只言片语。宋朝有一位著名的批评家，留下了这样一段耐人寻味的表白："年轻的时候，我赞赏能够画出我喜爱的作品的大师。不过，随着鉴赏力的成熟，我开始赞赏自己，因为我喜欢的恰好是大师们为了让我喜欢而精心挑选的作品。"令人叹息的是，在我们当中，努力揣摩大师心情的人实在是少之又少。我们出于顽固的无知，不肯向他们致以这种朴素的敬意，因而经常错过摆在眼前的美之盛宴。大师们总是准备着款待我们，可惜我们却因为自己缺乏鉴赏力而不得不独自忍饥挨饿。

对于容易产生共鸣的人来说，杰作是活着的现实。在它面前，人们会感觉和它发生了亲密的友情。大师不朽，因为他们的爱和忧总是在我们的心中千回百转，无数次地重现。打动我们真心的，与其说是手艺，不如说是灵魂；与其说是技术，不如说是人格。艺术的召唤越富有人性，我们内心的回应也就越发深沉。正因为大师和我们之间有着这种默契，我们才会在阅读诗歌和小说时，与主人公同呼吸共命运，同欢笑共悲伤。

日本的莎士比亚——近松[1]规定，戏剧作品的首要原则之一，就是要把观众带入作者的秘密中。他的几个弟子曾经向他提交剧本，想得到他的首肯，但是只有一部打动了他。那部剧本和莎翁的《错误的喜剧》有几分相似，讲的是一对双胞胎兄弟老被人认错的痛苦经历。近松说：

---

[1] 近松（Chikamatumon Zaemon，1653—1724），原名杉森信盛，别号平安堂、巢林子。日本江户时代杰出的剧作家，主要为净琉璃和歌舞伎创作剧本。其数十部歌舞伎剧作，成为日本文学和戏剧的宝贵遗产。——中译者注

"这个剧本具备了戏剧本来的精神，因为它把观众也考虑在内。它允许观众比演员知道得更多。观众知道了错误的根源，从而对在舞台上无辜地闯入错误命运的悲惨小人物，寄予了深切的同情。"

作为和观众共享秘密的手段，东西方的大师们绝对不曾忘记暗示的价值。在凝视杰作时，有谁不会对脑海里浮现出的思想的浩瀚远景抱有敬畏之感？那些杰作，是多么的熟悉可亲，充满了体贴和同情；与之相比，现代那些平庸之作又是多么的冷酷无情！从前者中我们可以感受到一个人的真情流露，而从后者中我们只能感觉到形式化的礼节。现代的艺术家都埋头于技术，很少有人能超越自我。就像那些徒劳地想去唤醒古琴灵魂的乐师一样，现代人只歌唱他们自己。现代人的作品可能会接近科学，但却会更加远离人性。日本古代有这样一句谚语——女人不会爱上虚荣的男人，因为在那样的男人心中，没有能让爱情注入和填满的空隙。在艺术中也是如此，无论是在艺术家身上，还是在观众身上，自负虚荣都同样是致命的。

没有比艺术世界里志趣相投的精神结合更为神圣的事情了。在与杰作邂逅的一刹那，热爱艺术的人们就会超越自我。转瞬间，他既存在，又不存在。他一眼瞥见了"无限"，内心的喜悦却无以言表，因为眼睛不能说话。他的精神，挣脱了物质的束缚，随着万物的韵律舞动。于是艺术成为宗教的同类，使人变得高尚优雅。正因如此，杰作才具有了某种神圣的色彩。古代的日本人非常尊崇伟大艺术家的作品。茶师们万分小心地守护着珍藏的圣物，就像保守宗教的秘密一样，常常需要打开一层又一层的箱子，才能触摸到圣物箱本身——一个丝绸的盒子，里面柔软地包裹着圣物。除了门人弟子，很少有人能够一睹圣物的真容。

在茶道如日中天的时代，太阁诸将更乐意以一件珍贵的艺术品作为胜利的奖赏，而不是广大的封地。在日本深受欢迎的戏剧当中，以著名的杰作失而复得为主题的作品很多。譬如，有个戏剧讲述了这样一个故事。由于侍卫的懈怠，细川侯府邸突然发生了火灾。府邸里藏有雪村所绘的那幅著名的达摩像，那个侍卫决心拼死也要救出这件珍品。他冲进正在燃烧的大殿，抓住挂轴，但是发现自己已经被火焰包围，找不到出路。侍卫满脑子只有那幅画，他拔剑劈开自己的身体，撕破袖子包上画，塞进绽开的伤口之中。大火终于熄灭了，在烟雾弥漫的余烬中，躺着一具烧得半焦的尸体。然而，藏在尸身中的稀世之宝却幸免于难，完好无损。诸如此类的故事确实令人毛骨悚然，但它们不仅描述了忠诚武士的献身，也反映了我们对艺术珍品的极大重视。

然而，必须铭记的是，艺术的价值只取决于它向我们倾诉的程度。也就是说，如果我们抱着开放和宽容的心去容纳艺术，艺术就会成为一种世界共通的语言。我们有限的天资、传统和习惯的力量，还有代代遗传的本能，都限定了我们艺术鉴赏能力的范围。从某种意义来说，正是我们的个性限制了我们的理解力。而我们的审美人格则是从过去的艺术作品中寻求共鸣。的确，随着修养的提高，我们的艺术鉴赏力会不断得以拓展，我们变得能够欣赏许多迄今为止不被认可的美的表达。然而，我们在万物万有之中看到的，毕竟只是自己的形象——换言之，我们固有的特质决定了我们的认知方式。茶师们只是严格按照他们各自的鉴赏基准去收集藏品。

在此我不禁想起小堀远州的故事。远州以前被弟子们恭维，说他在收藏方面显示出了非常高雅的品味。"不论哪一件藏品都会让所有的人赞叹不已，可见老师的品味超过了利休。因为利休收藏的东西，真正能够欣赏的，千人中仅有一人。"远州喟然答道："这只能证明我是多么的平庸。伟大的利休，敢于收藏哪怕只有他自己认为有趣的东西，而我却在不知不觉中迎合了多数人的爱好。利休才是千里挑一的茶师啊。"

令人非常遗憾的是，当今人们对艺术作品的表面上的狂热，其实并没有真实的感情基础。在我们这个民主的时代，人们无暇顾及自己的感觉，而是纷纷扰扰地追捧世间普遍认为最好的东西。他们追求的是高价，而不是高雅；他们追求的是流行，而不是美。对于普通大众来说，比起他们假意推崇的早期意大利或足利时代的巨匠，他们所身处的工业时代的高级产品——花花绿绿的杂志，能够为他们提供更加容易消化的艺术享受的食粮。对他们来说，比起作品的质量本身，艺术家的名气更为重要。正如几个世纪前的一位中国评论家曾经慨叹的那样："世人用耳朵来评论绘画。"正是真正鉴赏力的缺失，造成了今天仿古作品泛滥的局面。

另一个常识性的错误就是把艺术和考古学混为一谈。对古物产生的崇拜感，是人性中最美好的特性之一，是我们应当发扬光大的品质。古代的大师们开拓了启发后世的道路，理所应当获得尊重。他们经受住了数百年的批评，毫发无损地来到我们的时代，至今还闪耀着荣光——仅凭这个事实，也值得我们呈上尊敬。但是，如果我们仅仅以年代久远为由来评价他们的业绩，那实在是件愚蠢的事。可是，我们仍在放任自己的历史同情心践踏我们的审美鉴别力。在艺术家安然入土后，我们才献上赞赏的花束。进化论盛极一时的 19 世纪，更是养成了人类在种族之中迷失自我的习惯。收藏家们费尽心机想得到能表现一个时期或者一个流派的标本，却忘记了这样一个事实：与一个特定时期或流派的大量平庸之作相比，一件单独的杰作所教给我们的要更多。我们分类太多，欣赏却太少。为了所谓科学的陈列方式而牺牲审美，已经成了很多博物馆的毒瘤。

无论在多么重要的人生计划中，同时代艺术的主张都不容忽视。今天的艺术是真正属于我们的——是我们自身的反映。非难它就等于非难我们自己。我们都说当今的世界没有艺术，可是责任究竟在谁？我们狂热地赞颂古人，却几乎从不关注我们自身的可能性，这实在是一种耻辱。为博得世人的赏识而苦苦奋斗的艺术家们，在轻蔑侮辱的阴影中逡巡疲惫的魂灵们啊，在这个以自我为中心的时代，我们给他们的是怎样的鼓舞和激励？过去或许会怜悯我们文明的贫瘠，未来也将嘲笑我们艺术的荒芜。我们破坏着生活中的美，从而破坏着艺术。但愿能出现一位伟大的仙人，用社会的树干，制作出一张能被天才之手悠然奏响的铮铮巨琴。

第六章

花

　　在春天拂晓颤动的微曦中，当林间小鸟以神秘的声调低声私语时，你难道不曾想到，它们是在和伴侣谈论花朵吗？人类对花的欣赏，也一定是与爱情诗歌同时出现的。娇艳的花朵，在不知不觉中绽放着甜美，因沉默不语而吐露着芬芳。除了花之外，还有什么能让人想到纯洁少女情窦初开的样子呢？原始人将最初的花环献给他的恋人，从而脱离了兽类。就这样，他超越了粗野的本能需要，变成了一个人。当他认识到无用之物的妙用时，他便进入了艺术的领域。

　　无论是在喜悦之时，还是悲伤之日，花都是我们的朋友。我们与花同餐，共饮，同唱，共舞，还与它们嬉戏。我们用花来装饰结婚典礼，拿花来举行洗礼仪式。就连举行葬礼时，我们也不敢没有花。我们和百合一起礼拜，和莲花一起冥想，我们戴着玫瑰和菊花，在战斗中冲锋陷阵。我们甚至尝试用花语去交流。没有花，我们将如何生活？只是想象一下没有花的世界，都会觉得无比可怕。花给病人的枕边带来多少安慰，又给疲惫灵魂的黑暗带来多少欢欣之光。它那恬静的温柔，能够唤回我们对于宇宙万物日益丧失的信赖，正如凝视美丽的孩子就能重新唤起失去了的希望。当我们长眠在泥土下面的时候，正是花，在我们的坟墓上悲伤低回。

　　然而可悲的是，我们不能掩盖这样一个事实：尽管素来与花为友，可我们至今仍未完全脱离兽性。剥掉身上的羊皮，我们内心的狼就会马上露出锋利的牙齿。世间一直流传着这样的说法：一个人十岁是动物，二十岁是疯子，三十岁是失败者，四十岁是骗子，五十岁是罪人。大概因为人永远都没有放弃动物的本性，才会成为罪人。对我们来说，除了饥渴，没有什么是真实的；除了私欲，没有什么是神圣的。神社佛阁，一座接一座地在我们的眼前灰飞烟灭，只有一个祭坛被永久保存。在那里，我们对着至高的偶像——我们自己，顶礼膜拜。我们的神是伟大的，金钱就是它的预言者！我们为了给这个神奉献祭品而破坏了自然。我们虽然为征服了"物质"而扬扬得意，却忘记了奴役我们的正是"物质"。打着文明和风雅的旗号，我们还有什么残忍的罪行不敢犯！

　　告诉我，温柔的花朵，繁星的泪滴，当你幸福地伫立在花园里，向歌唱阳光雨露的蜜蜂点头致意时，你可曾知道厄运正等待着你？继续你的美梦吧，在夏天微风的吹拂中，轻轻摇曳，快乐嬉戏。可是，也许明天，冷酷无情的手就会卡住你的咽喉，把你扦断，将你的花瓣一片片撕落，然后把你带到遥远的地方，远离你安静的家园。这个恶魔，也许只是一个路过的美丽女子。她也许还会说："多美的花啊！"可手指上却依然沾着你的鲜血。告诉我，这就是善行吗？你要么被幽禁在无情人的发髻中，要么就被插到丑陋女子的钮孔中——丑到如果你是一名男子，她都不敢正视你一眼。这也许就是你的宿命。甚至更悲惨的是，你被囚禁在狭窄的花瓶里，在警告生命即将凋零的难耐干渴中，只靠少许残存的死水度日。

花儿呀，如果你生活在天皇的土地上，你迟早会遇上装备着剪子和小锯的可怕人物。那人会自称为"插花的大师"，主张享有医生的权利，所以你会本能地讨厌他。因为你知道，一个医生总是要设法拖延患者的痛苦。他会把你切断，弯转，扭曲成各种荒诞怪异的姿势，而这些，则是他认为你应该呈现出的正确姿态。他会像接骨师一样拧转你的肌肉，拉脱你的骨头。他还会为了止血，用通红的炭火灼烧你，为了促进血液循环，把铁丝插入你的身体。

他会让你吞下盐、醋、明矾，甚至硫酸。在你就要昏厥的时候，他会向你的脚上浇开水。他还会自夸说，正是因为他的悉心治疗，才使你的生命保持两周甚至更长时间。与此相比，你是不是宁愿在一开始被抓住时，就被当场杀掉？你到底前世犯了怎样的罪孽，才会让你在今生必须遭受这样的刑罚？

比起东方插花师对花的粗暴，西方社会对花的大肆浪费甚至更加严重。为了装饰欧美的舞会及宴会，当天被剪下、次日就被扔掉的花卉，其数量想必无比巨大；如果把它们编在一起，应该能做成围绕整个欧洲大陆的花环。与这种完全无视生命的做法相比，插花师的罪过就显得微不足道了。他至少还重视自然资源的节约，慎重地选择他的牺牲者，并在它死后对它的遗骸表示敬意。在西方，用花卉做装饰似乎只是炫耀财富的一部分，是一时的头脑发热。当狂欢结束后，这些花会去哪里呢？眼看着枯萎的花被无情地扔到粪堆上，世界上没有比这更令人悲哀的事情了。

花儿为什么生来如此美丽，却又如此薄命？昆虫能刺伤敌人，就连最温驯的动物，在走投无路时也能奋起一搏。因为能装饰妇女的宽檐帽，羽毛被人觊觎的鸟儿，会从猎人的头上展翅飞离；因为能制作皮草时装，毛皮令人垂涎的野兽，也能在你接近时遁形销迹。唉！我们知道有翅膀的花只有蝴蝶；其他所有的花，面对破坏者都显得孤独无助。即使它们临终时发出悲鸣，也永远不会传进我们无情的耳朵。我们总是对默默地爱我们、服侍我们的人那样残忍，不过，终有一天，我们会因为这残忍，被这些最好的朋友抛弃。你有没有发现，野生的花儿在一年年变少？也许它们的贤者对它们说，暂时离开人间吧，直到人变得更有人性。大概，它们都移居去了天堂。

我们大可支持种植花草的人。因为比起拿花剪的人，侍弄花盆的人要有人情味得多。我们兴致勃勃地看着他担心水和阳光，和害虫做斗争，忧惧冰霜，在胚芽生长缓慢时焦急不安，在叶子苗壮生辉时欣喜若狂。在东方，栽培花草的技术古已有之。诗人对于花草的喜爱之情以及他们所爱好的花草，屡见于故事和诗歌的记录中。据说随着唐宋时代陶瓷业的发展，制作出了可以盛放草花的精美容器。那可不是什么花盆花钵，而是镶满了宝石的宫殿。每一盆花都有专门的侍者服侍，她们用兔毛做的软刷清洗叶子。一本书上写道，"浴牡丹芍药宜靓妆妙女""浴蜡梅

宜清瘦僧"。[1] 在日本，最受欢迎的能乐作品之一《钵木》
（*Hachinoki*），创作于足利时代，讲的是一个贫困武士
的故事。在一个寒冷彻骨的夜晚，一个云游僧来到他家。
因为家里没有柴火，他就把花钵里精心养育的花木砍下，
生火取暖来招待客人。这个云游僧，其实就是我们日文版
《一千零一夜》的主人公——北条时赖[2]，而那个武士的
牺牲最终得到了回报。时至今日，这个歌舞剧依然能博得
东京观众的同情之泪。

为了保护纤弱的花朵，人们曾经采取了严密的防备措
施。唐朝的玄宗皇帝，为了不让野鸟靠近花朵，在花园的

---

[1] 出自《瓶史》，意为"牡丹芍药应该由身着盛装的美丽侍女来侍浴，寒
梅应该由苍白瘦削的修道僧来浇水"。原文为："浴梅宜隐士，浴海棠
宜韵客，浴牡丹芍药宜靓妆妙女，浴榴宜艳色婢，浴木樨宜清慧儿，
浴莲宜娇媚妾，浴菊宜好古而奇者，浴蜡梅宜清瘦僧。"《瓶史》为一部
插花专著，成书于明万历二十七年（1599），又名《袁中郎瓶史》。作
者袁宏道（1568—1610），字中郎，号石公，湖北公安人。举万历进
士，历任苏州知县、顺天府教授、国子监助教等职。大约在17世纪中
叶，《瓶史》传入日本，对日本插花艺术的发展，起到了一定的推动作
用。——中译者注

[2] 北条时赖（Hojyo Tokiyori, 1227—1263），日本镰仓时期的执政官，北
条时氏次子。传说他出家后冒雪云游，视察民情，因此与《一千零一
夜》的主人公有相似之处，故能乐剧《钵木》被称作日本的《一千零
一夜》。它讲的是，在佐野源左卫门常世的家里，主人烧了珍藏的梅、
松、樱盆栽让他取暖饱餐的故事。——中译者注

树枝上架起了许多小金铃。也正是他，在春天带领宫廷乐师来到花园，用轻柔的音乐取悦满园的鲜花。据传，日本亚瑟王传说的主人公——源义经[1]曾写过一块离奇古怪的木牌，至今还保存在日本的一座寺院[2]里。那是为了保护一棵珍贵的梅树而竖起的告示，以其尚武时代的残酷幽默打动了我们的心。在赞美梅花的文字之后，木牌上写道："折一枝者断一指。"但愿在今天，我们也能对那些胡乱攀折花木、破坏艺术品的家伙实施这样的惩戒！

可是，即使就盆栽花来说，我们也不由得怀疑人的自私。为什么要把花从它的故乡带走，让它在陌生的地方开花？这与把小鸟关在笼子里，让它歌唱和交配有何不同？有谁能了解，温室里的兰花因为人工的高温而感到窒息，绝望地向往着南国故乡的天空？

理想的爱花人，是去花的故乡探访花的人，就像坐在残破的竹篱前和野菊交谈的陶渊明，或是流连于黄昏西

---

[1] 源义经（Minamotono Yoshitsune，1159—1189），乳名牛若，平安时代末期武将，源氏家族的一员。他在12世纪晚期源平合战中打败平氏势力，立下汗马功劳。作为骁勇善战的传奇人物，义经在日本的地位完全可以与欧洲的亚瑟王媲美。——中译者注

[2] 神户近郊的须磨寺。

湖的梅花丛中，在暗香流动里陶醉忘我的林和靖。据传，周茂叔为了使他的梦和荷花的梦混为一体，曾在小船中睡觉。[1] 正是这种精神，感动了奈良时代有名的君主光明皇后[2]，她因此作了一首和歌：“若把你摘下，必将你玷污。愿与你并立，将你献佛前。”[3]

尽管如此，我们也别太过伤感。就让我们少一分奢华，多一分豪壮吧！老子曰：“天地不仁。”[4] 弘法大师说：“生生生生暗生始，死死死死冥死终。”[5] 无论我们转向何方，都会面对“毁灭”。上、下、前、后，全是毁灭。变化，是唯一的永恒（不灭）。若此，我们何不像迎接“生”一样去迎接“死”？这两者只不过互为彼此的另

---

[1] 陶渊明、林和靖、周茂叔，均为中国著名的诗人和哲人。

[2] 光明皇后（Komyo Kogo，701—760），即圣武天皇的皇后藤原安宿媛，又称光明子，笃信佛教。——中译者注

[3] 原文为“花儿啊，若把你折断，我的手就把你玷污了。我愿和你一样站在草原上，把你奉献给过去、现在和未来的三世佛”（折りつればたぶさにけがるたてながら三世の仏に花たてまつる），但此为僧正遍照之作。光明皇后的御歌为“虽然我不会为了自己折花，但我会把花敬献在三世诸佛的面前”（わがために花は手折らじされどただ三世の諸仏の前にささげん），没有“玷污”等词语，此处似为作者之误。——中译者注

[4] 出自《道德经》：“天地不仁，以万物为刍狗。”——中译者注

[5] 出自空海《秘藏宝钥》序。这句诗将生生不息的悠久宇宙和生命历史，表达得十分透彻。按英文原文，意思是“流，流，流，流，生命潮流无休无止；死，死，死，死，死亡造访宇宙万物”。——中译者注

一半，正如梵[1]的"夜"与"昼"。只有旧的瓦解了，再生才会成为可能。我们以各种不同的名字膜拜死神，那无情的慈悲女神。拜火教徒从火中虔诚地迎接和崇拜的，正是那吞噬一切的阴影。即使在今天，神道日本伏地崇拜的，也正是剑魂那冰冷的纯粹主义。那神秘的大火烧尽了我们的软弱，那神圣的利剑斩断了我们欲望的羁绊。从我们尸体的死灰上，升起了象征天国希望的不死鸟，从挣脱了欲望束缚的自由中，萌发出更加高尚的人性觉醒。

如果靠毁坏花朵，就能发展出新的形式，使我们的世界观更加高尚，我们又何乐而不为呢？我们只请求花能够参与我们对美的祭献。我们应将身体奉献给"纯粹"和"简单"，作为对我们这种罪过的救赎。正是基于这样的理论，茶师们创立了类似宗教的插花仪式——花道。

所有谙熟我们的茶师和插花师做法的人，肯定都注意到了他们对花虔诚的敬畏之情。他们不是随意地乱剪，而是为了实现心中描绘的艺术构图，慎重地选择一枝一叶。如果剪下的枝叶偶然超过了必需的限度，他们就会把这个

---

[1] 梵为印度教中的最高存在——创造之神梵天（Brahma），与破坏之神湿婆（Shiva）、保存之神毗湿奴（Visnu）并称三大神。——中译者注

当作耻辱。与此相关联，我们可以强调一点，那就是只要有可能，他们总要让花带着叶子。因为，他们的目的在于呈现花草生命的整体美。在这一方面——正如在其他的很多方面一样——他们的方法与西方各国的方法有着很大的差异。在西方国家，我们经常只能看到一枝枝花茎，像没有躯干的头，杂乱地插在花瓶里。

当茶师按照自己的心意完成插花后，就把它放在日式房间的上座——壁龛里面。在它的附近，凡是可能妨碍其美之效果的东西，一样不摆。即使是一幅画也不能挂，除非这种搭配有着特殊的审美理由。花静静地在那里歇息，俨然一位端坐在宝座中的王子。当客人和弟子们进入茶室后，首先要对它鞠躬敬礼，之后才能和主人招呼寒暄。为了给业余爱好者以启迪和教化，插花杰作的图册被制作出来并被出版。有关插花方面的文献可以说是浩如烟海。当花儿枯萎后，茶师便温柔地把它托付给河流，或者细心地掩埋在土中。他们甚至还会为了凭吊花魂而建造墓碑。

花道大约诞生于 15 世纪，是和茶道同时兴起的。根据日本的传说，最初开始制作插花的是早期佛教的高僧。他们收集起被暴风雨吹散的花，带着怜悯众生的慈悲情怀，把它们放进水罐里。据传，足利义政将军朝中的大画

家和鉴定家相阿弥 [1]，是早期的花道大师之一。茶师村田
珠光 [2] 就是他的门人。而花道池坊派的创始人池坊专应 [3]，
也是相阿弥的门人。就像绘画领域的狩野派 [4] 一样，池坊
派在花道历史上留下了光辉业绩。到了 16 世纪后半叶，
随着茶道在利休的主导下日趋完善，插花也得到了充分的
发展。利休和他那些有名的后继者——织田有乐 [5]、古田

[1] 相阿弥（Soami，? —1525），室町后期画家，名真相，号松雪斋、鉴
     岳。精通水墨画和淡色水彩，也是美术鉴定和茶道、香道的高手。能
     阿弥、艺阿弥、相阿弥祖孙三代均为知名画师，在日本，世称"三阿
     弥"。——中译者注
[2] 村田珠光（Mureda Juko, 1423—1502），名茂吉，奈良人。称名寺僧
     人，曾师从大德寺一休和尚。珠光是室町时代著名的茶道大师，奈良
     派的代表人物，被后世称为茶道的"开山之祖"。
[3] 池坊专应（Ikenobo Senno），日本战国时代池坊派花道的集大成者。其
     《池坊专应口传》是总括了插花理论的最初的口传书。池坊派花道是现
     存最古老的插花流派，它经过池坊专好的发展，到专朝时成为插花的
     中心流派，其地位一直保持到今天。——中译者注
[4] 狩野派，日本绘画史上影响最大的画派和家族之一，创始人是室町时
     代画家狩野正信（Kano Masanobu, 1434—1530），在江户时代达到
     鼎盛。从室町末期到江户时代，狩野派都作为将军的御用画师，得到
     庇护和宠爱。他们把金碧浓彩和水墨融为一体，开创了屏风画和障子
     （日式隔扇或拉门）装饰画的新风格。——中译者注
[5] 织田有乐（Oda Uraku, 1547—1621），又名织田有乐斋，本名长益。
     织田信长的弟弟，安土桃山时代至江户初期的武将和茶师。师从千利
     休学习茶道，自创了有乐派茶道。——中译者注

织部 [1]、光悦 [2]、小堀远州及片桐石州 [3]，为了创造出新的
搭配效果而相互竞争。尽管如此，我们还是不能忘记，茶
师们对花的尊崇，只不过构成了他们审美仪式的一部分，
插花自身并没有独立形成另外一种宗教。插花与茶室中其
他的艺术品，同样从属于装饰的整体构思。因此，石州规
定，庭园里有积雪的时候，就不能用白梅做插花。"花哨
刺眼"的花也被毫不留情地赶出了茶室。茶师制作的插
花，如果把它从本来应该放置的地方移开，就失去了它的
意义。这是因为，插花的线条和比例都是为了跟它周围的
环境相配合而特别设计的。

　　只因为花本身而崇拜花的仪式，始于 17 世纪中叶专
业花道师的崛起。至此，插花从茶室中独立出来，除了花
瓶的要求之外，没有其他任何法则。此时，新的构思和方

---

[1]　古田织部（Furuta Oribe, 1544—1615），名重然，号织部。安土桃山
　　时代至江户初期的武将和茶师。千利休的高足，织部派茶道的创始
　　人。——中译者注

[2]　本阿弥光悦（Hon-ami Koetu, 1558—1637），江户初期的艺术家，京
　　都人。擅长刀剑鉴定及书法，同时创作漆器绘画，精于陶艺，还嗜好
　　茶道。——中译者注

[3]　片桐石州（Katagiri Sekishu, 1605—1673），江户初期石州派茶道的祖
　　师，名贞昌。师从桑山宗仙，1665年成为将军德川家纲的茶道师傅。
　　精通古茶器的鉴定。——中译者注

法成为可能，由此产生了许多原则和流派。据 19 世纪中叶的某位作家说，他能举出超过一百个不同的插花流派。大致说来，这些流派可以分为形式派和写实派两大分支。以池坊为宗师的形式派，所追求的是古典理想主义，并与绘画中的狩野派相呼应。我们有这个流派早期宗师的插花记录。那些插花几乎再现了山雪和常信[1]的花草画。另一方面，写实派就像它的名字所暗示的那样，以自然为模型，只加入了一些形式上的修正，以助于艺术表现的统一。所以，我们在这个流派的作品中所感受到的艺术冲动，与浮世绘[2]和四条派绘画[3]的创作如出一辙。

---

[1] 狩野山雪（Kano Sansetu, 1590—1651），江户初期画家。名光家，号蛇足轩、桃源子。狩野山乐的高足，后为养子。代表作《雪汀水禽图屏风》《长恨歌画卷》。狩野常信（Kano Tsunenobu, 1636—1713），江户前期画家。狩野尚信的长子，通称右近，号养朴、古川叟。狩野派的一代宗师。致力于古画临摹，留下了庞大的《常信缩图》。——中译者注

[2] 浮世绘，盛行于江户时代的大众风俗画，主要形式为版画。浮世绘以1765年铃木春信（Suzuki Harunobu, 1725—1770）创始的多色印刷版画为标志，迎来了鼎盛时期。其主题以妓女、歌舞伎演员和相扑力士的肖像画为中心，也涉及历史、风景和花鸟。著名画家有鸟居清信、喜多川歌麿、葛饰北斋、歌川广重等，从19世纪后半期开始，给欧洲美术也带来了巨大影响。——中译者注

[3] 四条派，是由居住在京都四条的松村吴春（Matumura Goshun, 1752—1811）所创立的画派，在文人画的基础上增加了写实和抒情的色彩，该派在幕府末期和明治时代的京都画坛上具有举足轻重的地位。——中译者注

　　如果我们有时间的话，尽可能详细地探讨这个时期由众多花道师制定的"构成和细节"的法则，并从中突显出支配着德川时代装饰艺术的根本原则，将会很有意思。我们发现，他们提到了"指导原则"（天）、"从属原则"（地）、"和谐原则"（人），认为没有具体表现这些原则的插花，都是空洞和僵死的。他们还详述了正式、半正式和非正式等三种不同的插花形式及其重要性。就花的表现而言，第一种可以说是舞会上的华美礼服，第二种是轻松优雅的午后裙装，第三种则是闺房里的迷人便装。

　　从个人的情感来说，比起花道师的作品，茶师制作的插花更容易引起我们的共鸣。茶师的插花是自然原有的搭配，它和生活之间真正的亲和力，深深地吸引了我们。我们应该把这个流派叫作自然派，以区别于写实派和形式派。茶师们认为，选好了花，他们就尽到了责任。剩下的就是由花儿来讲述自己的故事了。进入晚冬时节的茶室，就会看到细瘦的山樱小枝搭配着山茶的花蕾，那是正在逝去的冬之回声和即将到来的春之前奏的绝妙组合。还有，在焦躁不安的炎炎夏日，进入午后的茶室，你会发现在幽暗阴凉的壁龛里，一枝百合插在悬挂着的花瓶中。那花上沾满了露珠，似乎在嘲笑着人生的愚蠢。

　　花的独奏固然有趣，但若放在绘画及雕刻的协奏曲中，那配合就会更加令人销魂。石州曾经把一些水草插在浅底的水盘里，让人联想到湖沼的草木，又在上面的墙壁挂上相阿弥的画，画面描绘着野鸭在空中飞翔。另外一个叫里村绍巴 [1] 的茶师，给铸成渔夫小屋形状的青铜香炉和海边的野花，配上了咏唱海岸寂寥之美的和歌。他的一个客人写道，在这浑然一体的配合中，他感受到了晚秋微风的吹拂。

　　花的故事无穷无尽。我们最后再讲一个吧。16 世纪时，牵牛花在日本还是稀有的植物。利休把整个庭园种满了牵牛花，倾尽心血地栽培它们。不久，利休的牵牛花名声大振，传到了太阁丰臣秀吉的耳朵里。在太阁的强烈要求下，利休同意邀请他去家里参加早上的茶会。到了约好的那天，太阁穿过庭园，却连牵牛花的影子也没看到。地面已经被平整过，撒满了美丽的碎石和细沙。怒火中烧的暴君走进了茶室，然而，等待他的景象又使他转怒为喜。在壁龛中，一只珍稀的宋代青铜器里，绽放着全庭园最尊

---

[1] 里村绍巴（Satomura Joha，1525—1602），原姓松井，奈良人，室町末期著名的连歌师，曾师从千利休学习茶道。——中译者注

贵的女王——一枝牵牛花!

　　通过这些例子,我们可以充分理解"花御供"[1]的意义。大概,花也领会了它的全部意义。花不像人那样卑怯,有些花甚至把死视为骄傲——无疑,日本的樱花就是如此,它们听凭自己随风片片飘逝。所有曾经伫立在吉野和岚山[2]上,沉浸在芳香的樱花花雨中的人,都一定领悟到了这一点。那一瞬间,花儿们像镶满宝石的云朵一样在空中飞舞,在水晶一般的溪流上跳荡;然后,又浮在欢笑的波浪上随波逐流,好像在说:"噢,再见了,春天!我们将踏上永远的旅程。"

---

[1]　以花供奉神灵之意。——中译者注

[2]　吉野,奈良南部地名,吉野川流域的总称。岚山,位于京都市西部的山。二者自古以来都是观赏樱花的胜地。——中译者注

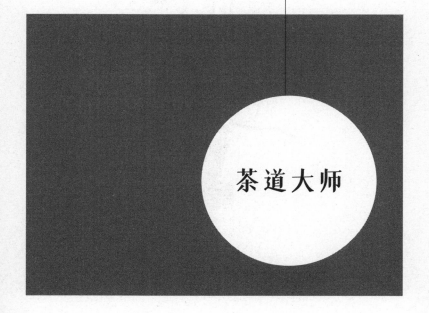

第七章

茶道大师

　　在宗教中，"未来"在我们身后。在艺术中，"现在"就是永恒。茶师们认为，只有把艺术升华为生动感染力的人们，才能实现真正的艺术鉴赏。于是，他们用从茶室中得来的优雅的高标准，努力规范自己的日常生活。无论身在何处，都必须保持心情的平静，并且，谈话也绝不能破坏周围环境的和谐。不论是服装的样式和色彩，还是动作举止和走路姿势，无一不是艺术人格的体现。所有这些都不可小觑，因为一个人如果不美化自身，他就没有接近美的权利。于是，茶师力图超越艺术家，成为艺术本身。这就是审美主义的禅。只要我们愿意承认它，完美就会存在于任何一个地方。正如利休很喜欢引用的一首古歌："世人曰迎春，只盼花开早，不知山野中，雪间生春草。"[1]

---

[1] 藤原家隆作"花をのみ待つらん人に山里の雪間の草の春を見せばや"。
　　利休认为这首和歌表现了闲寂的真意而经常吟诵。——中译者注

茶师们对艺术的贡献，的确涉及很多方面。他们给古典建筑及室内装饰带来了崭新的革命，并且树立了新的建筑和装饰样式（见《茶室》一章），其影响遍及16世纪以后修建的所有宫殿和寺院。多才多艺的小堀远州留下了一些著名实例，如桂离宫[1]、名古屋城、二条城和孤篷庵[2]，都充分表现了他的才华。日本的著名庭园，皆出自茶师们的设计。我们的陶器，如果没有茶师借给它们灵感，大概就不会拥有那样高的品质。茶道中所使用的器具的制造，在很大程度上刺激了陶瓷制造业，使陶瓷工匠的创意得到了最大限度的发挥。比如远州的七窑，就是日本陶器研究者们耳熟能详的工坊。我们的许多纺织品，也因其色彩或图案出自茶师之手，而被冠上茶师的名字。的确，想要找出一个尚未留下茶师们天才足迹的艺术领域，是绝对不可能的。至于他们在绘画和漆器方面所做出的巨大贡献，更是无须赘言。日本最伟大的绘画流派之一，就起源于茶师本阿弥光悦，他同时还以

---

[1] 桂离宫，位于京都市西京区的离宫。它以茶室风格的书院和环游式的庭园著称，被认为是日本住宅建筑的最高峰。——中译者注

[2] 孤篷庵，位于京都大德寺内的菩提寺。1612年由小堀远州在龙光寺内建造，后移至大德寺。——中译者注

漆绘师和陶艺师闻名。和他的作品相比，他的孙子光甫和甥孙光琳、乾山的辉煌作品，[1] 几乎都光彩尽失。正如普遍认为的那样，整个光琳画派都是茶道的表现。在这个画派所描绘的粗犷线条当中，我们能够感受到自然本身的活力。

茶师给艺术领域带来的影响是巨大的，但如果与他们指导日常行为的力量相比，那几乎可以说是微不足道的。不论是在上流社会的惯例中，还是在所有家庭琐事的处理中，我们都能清楚地感觉到茶师的存在。不用说上菜待客的方法，就连很多雅致美味的菜品，也都是他们的发明。他们教诲我们只穿稳重的素色衣服，他们教给我们接触插花的正确精神，他们强调人生来就爱简单朴素，并向我们示以谦恭之美。实际上，正是通过他们的教导，茶才深入

---

[1] 本阿弥光甫（Hon-ami Koho，1601—1682），江户前期艺术家，号空中斋，本阿弥光悦之孙。继承本阿弥的家业，本业是刀剑鉴定和研磨，同时在茶道、香道、书画和雕刻方面都有所成，特别精于陶艺。尾形光琳（Ogata Korin，1658—1716），江户中期画家、工艺家，乾山之兄，京都人。光琳派绘画创始人，代表作《红白梅图屏风》。尾形乾山（Ogata Kenzan，1663—1748），江户中期陶工、画家，京都人。本阿弥光悦的甥孙，他制作的陶器清雅别致，为茶人所爱玩。其兄光琳也参与了他的陶器制作，负责上色绘画。——中译者注

到了一般民众的生活当中。

世间的人们，每天都在人生这个充满愚蠢劳碌的波涛汹涌的大海上挣扎浮沉着。那些不知道正确的律己之道的人们，即使徒劳地拼命表现出幸福和满足，内心却始终处于悲惨的境地。我们为了保持内心的平静蹒跚而行，却在地平线上漂浮着的每朵云彩里，看到暴风雨的前兆。然而，在不断涌向永恒的惊涛骇浪中，却自有喜悦和美丽。我们为何不与波浪的灵魂共鸣，或者，像列子那样御风而行？

只有和美一起度过一生的人，才能拥有美丽的死。伟大茶师的临终时刻，也和他们的一生一样，充满了无限的优雅。他们永远追求与宇宙的伟大律动相协调，并做好了时刻奔赴未知世界的精神准备。"利休最后的茶会"，作为悲剧美的伟大极致，将会永垂青史。

利休和太阁秀吉的友谊由来已久，这个伟大的武将也给予了利休极高的评价。可是，暴君的友情，永远是一种伴随着危险的光荣。那是一个充满了背叛的时代，人们甚至不能信赖自己的至亲。利休不是卑屈谄媚的佞臣，他经常毫无顾忌地和他脾气暴躁的庇护者争论，大唱反调。

利休的敌人利用太阁和利休之间一时的关系冷淡，指控他与一桩企图毒死暴君的阴谋有牵连。他们悄悄地告诉秀吉说，利休要在呈给太阁的一杯绿茶里放入致命的毒药。在秀吉看来，哪怕只是嫌疑，也构成了立即执行死刑的充分理由。并且除了顺从那个愤怒的暴君之意，他没有任何申诉哀求的机会。秀吉只赐给死刑犯一个特权，那就是享有自行了断的荣誉。

在被指定自杀的日子，利休召集主要的弟子，举行了最后一次茶会。带着沉重的心情，客人们准时聚集在等候室里。他们向庭园小径望去，树木似乎在战栗发抖，树叶沙沙作响，仿佛是无家可归的亡灵在窃窃私语。灰色的石灯笼默然肃立，好像是在地府门前站岗的庄严哨兵。这时，一股珍奇的芳香从茶室里飘出，那是邀请客人进入的召唤。客人们顺次进入茶室，各自就座。壁龛中悬挂着一幅从前某位僧人书写的绝妙书法，讲述着世事皆无常的至理。在铜鼎火炉上沸腾着的烧水铁壶，听起来像是痛惜夏天逝去而大放悲声的秋蝉。不久，主人进入茶室。他依次向每个客人敬茶，客人们也依次默默地喝光杯中的茶，最后才是主人喝。按照茶道礼仪，这时一位主宾请求观看整套茶具。利休把那幅挂轴和各种器具一起放在客人面前。在所有人都赞叹了它们的美丽之后，利休把那些器具一一赠送给在座的客人，作为留念。利休只留下了那只茶杯，说道："这只被不幸之人的唇玷污了的茶杯，绝对不能再让任何人使用。"并把它摔了个粉碎。

　　茶道的仪式结束了。客人们强忍眼泪，与利休做了最后的诀别，走出茶室。只有一个他最亲密的人，被利休请求留下来见证他的死。之后，利休脱去茶会的服装，小心地把它叠好，放在榻榻米上，于是露出了一直隐藏在内的、洁白的死亡装束。他温柔地凝视着那寒光闪闪的夺命短剑，吟出了下面的绝唱：

　　　　人生七十，

　　　　力围希咄。

　　　　吾这宝剑，

　　　　祖佛共杀。

　　　　提我得具足一太刀，

今此时抛天。[1]

脸上带着微笑，利休朝着未知的世界飞去。

---

[1] 出自《茶话指月集》，为禅之偈语。本书原文为"来吧，你，永远的
剑！穿过佛陀，穿过达摩，你已经开辟了你的道路"，并没有体现出偈
语原有的意思。——中译者注

急燒

唐山製

二枚 髙三寸許

両品共
浪花 蒹葭堂藏

瓢杓

悟心禪師銘

隸書

賓而老慶隨暴墨涤 （ん）

両品共 蕉蔭堂藏

水注

興仕窯

山水之
主人蔵家

皇都某家蔵

茶旗

高翁常用之衣之綃也
清風之文宗大典禪師書
左吾之神文桂州禪師書
浪莪三宅民莊

貞郚占樓地
清風
通仙亭
缘林說茗邊